JN440785

식물보호기사와 나무의사를 위한
핵심만 모아놓은
농약학
학습서

식물보호기사와 나무의사를 위한

핵심만 모아놓은

농약학 학습서

김진효, 홍수명

경상국립대학교출판부

이 책의 구성과 특징

기출 및 예상문제

1. 기출

농약의 명명법 중 모핵화합물을 암시하면서 단순화 시킨 명칭을 무엇이라 하는가?

① 화학명 ② 일반명
③ 코드명 ④ 상표명
⑤ 품목명

4. 기출

농약으로 사용되기 위하여 구비하여야 할
거리가 먼 것은?

① 살포시 작물에 대한 약해가 없어야
② 병해충을 방제하는 약효가 뛰어나야
③ 작물재배 전체기간 중 잔효성이 유
다.
④ 사용하는 농민에 대하여 독성이 낮
⑤ 작물 또는 토양에 대한 잔류성이 없

2. 기출

시험에 나올 문제만 쏙쏙!!

나무의사 시험에 출제됐던 기출문제와 문제 출제위원이 엄선한 기출 예상 문제를 수록했습니다. 학습이 완벽히 이루어졌는지 확인하세요.

핵심 내용 정리

1. 농약 독성에서 사용하는 전문 용어
- ◆ 급성독성, 아급성 독성, 만성 독성, 경구 독성, 경피 독성, 흡입 독성
- ◆ LD_{50}, LC_{50}, NOAEL, ADI

2. 농약 독성 구분표
- ◆ 농약 제품의 독성 구분표(I, II, III, IV급 분류), 경구 및 경피 분류, 고상 및
- ◆ 농약 제품 어독성 분류표

3. 농약의 안전사용기준 이해하고 포함 내용 알아두기

이것만 알면 합격! 핵·심·정·리

꼭! 알아야 하는 내용만 쏙쏙 뽑아 핵심 내용 정리에 담았습니다.

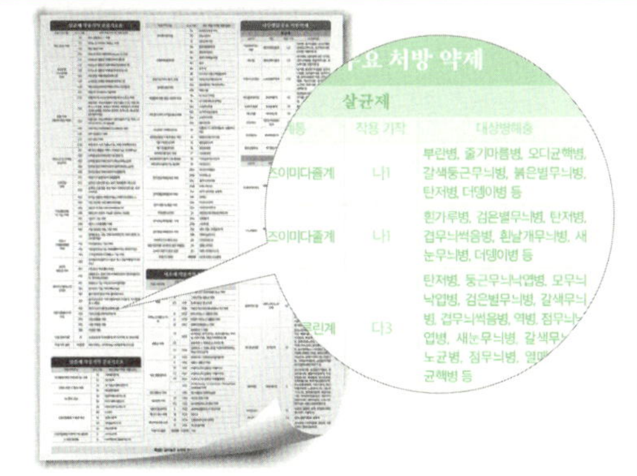

특대형 분류기호표 증정!

나무의사가 되기 위해 무조건 외워야 하는 '작용기작 분류기호표'와 '나무병원 주요 처방 약제'를 큰 사이즈의 포스터로 제작해 특별 부록으로 넣었습니다. 『핵심만 모아놓은 농약학 해설서』 독자님들에게만 드리는 선물입니다.

목차

목차

제1장 농약의 범위와 역할

꼭 알아두기!

- 농약의 5가지 명명법에 관하여 알아두어야 한다.
- 농약이 농산물 생산에 기여하는 3가지의 역할에 관하여 알아두어야 한다.
- 농약이 갖추어야 할 7가지 구비조건을 알아두어야 한다.

1. 농약의 정의[용어 정리]

가 농약이란?

「농약관리법」에서 서술하는 농약의 정의

1) 농작물을 해치는 병균, 곤충, 응애, 선충, 바이러스, 잡초 및 동식물(동물: 달팽이·조류 또는 야생동물, 식물: 이끼류 또는 잡목)을 방제하는 데 사용하는 살균제, 살충제, 제초제
2) 농작물의 생리기능을 증진하거나 억제하는데 사용하는 약제(생장조정제)
3) 기피제, 유인제, 전착제 같은 약제

나 천연식물보호제란?

진균, 세균, 바이러스 또는 원생동물 등 살아있는 미생물을 유효성분(有效成分)으로 하여 제조한 농약과 자연계에서 생성된 유기화합물 또는 무기화합물을 유효성분으로 하여 제조한 농약

다 농약활용기자재란?

농약을 원료나 재료로 하여 농작물 병해충의 방제 및 농산물의 품질관리에 이용하는 자재나 살균·살충·제초·생장조절 효과를 나타내는 물질이 발생하는 기구 또는 장치

2. 농약의 등록

농약을 등록하기 위해서는 농약관리법에 따라 이화학분석, 약효·약해, 인축·생태독성, 작물·토양잔류 시험 성적서 등을 구비하여 농촌진흥청장에게 등록을 요청한다. 농촌진흥청장에게 접수된 농약등록용 자료는 농촌진흥청에서 검토하여 농약안전성 심의위원회 소위원회, 기준위원회, 품목관리 소위원회의 심의를 거친 후 농촌진흥청 농약안전성 심의위원회에 상정하여 심의를 받아 등록이 된다.

농약등록용 제반 시험연구서의 검토 기간은 신규 품목일 경우 9개월, 변경 품목의 경우 3개월, 재등록 품목일 경우 9개월이 소요되며, 등록부서인 농촌진흥청은 지정된 기간 내에 처리결과에 대한 응답을 등록신청권자에게 하여야 한다.

농약 등록 과정을 보면 등록을 위한 분야별 시험성적서는 원제 등록 분야와 제품 등록 분야로 나누어진다. 제출용 시험성적서는 등록을 위한 농약이 신규 물질, 변경 등록, 수입 완제품인지에 따라 제출해야 할 시험성적서에 차이가 있다.

3. 농약의 명명법(命名法)

가 일반명

화학명은 IUPAC규정에 따라 그 화합물을 구성하는 모든 화학원자를 나타내기 때문에 화

합물의 구조가 복잡해짐에 따라 이름이 길어져 일반인들은 명명하기가 쉽지 않다. 따라서 가능하면 농약의 특징과 약효를 발현하는 주요 화합물의 이름을 암시하면서 단순화시킨 이름인 일반명(common name)을 만들어 전 세계적으로 사용하고 있다. 그러나 일반명은 화학명과 달리 일정한 규칙을 가지고 만들어지는 것이 아니기 때문에 일반명만으로는 주요 화합물의 구조와 특성을 예측할 수 없는 경우도 많이 있다. 농약의 일반명은 국제 표준기구(ISO, ANSI, BSI, JMAF 등)에서 인정받아 사용하고 있다.

나 화학명

농약의 이름은 그 농약을 구성하고 있는 화학원자의 구성과 화학구조에 따라 유기화학에서 사용하는 체계적인 화학명(chemical name)으로 명명할 수 있다.

다 품목명

농약의 유효성분은 농약을 사용하기 쉽게 하도록 제제화가 되어야 하는데 농약 제제의 형태와 유효성분의 일반명을 함께 표기한 것이 품목명(item name)이다. 동일한 유효성분이라 할지라도 제제 형태를 달리하여 여러 제형으로 만들 수 있기 때문에 동일 유효성분이라도 품목명은 여러 개 존재할 수 있다.

라 상표명

농약을 제제화하여 제품화할 때는 제제형태를 포함하여 등록한 기업의 영업전략에 따라 고유한 이름인 상표명(trade name)을 사용하여 타 회사에서 만든 제품과 구별하고 있다.

마 개발명(코드명)

농약의 또다른 이름으로는 농약 개발단계에서 어떤 화합물의 일반명이 주어지기 전에 약칭하여 기업이나 개발자의 이름을 따서 붙여진 코드명(code name)이 있다.

✣ 농약 명명법의 예

이름	유기합성 농약	생물 농약
구조식명	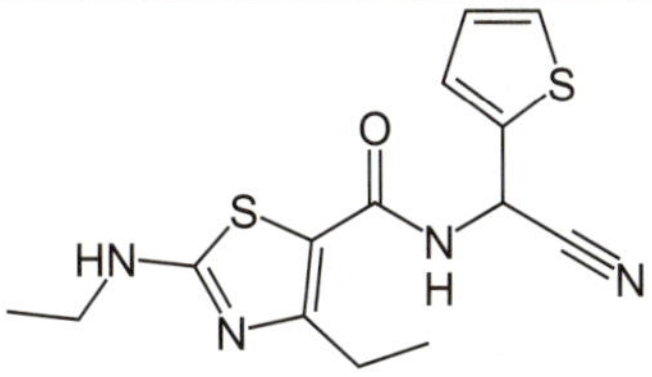	
화학명	(RS)−(α−cyano−2−thenyl)−4−ethyl−2−(ethlyamino)−5−thiazolecarboxamide	
일반명	에타복삼(Ethaboxam)	*Trichcoderma atroviride* SKT-1
품목명	에타복삼 액상수화제	트리코더마아트로비라이드에스케이티−1 수화제
상표명	텔루스	에코호프
코드명	LGC−30437(LG화학)	
학명		*Trichcoderma atroviride* Berliner

4. 농약 업종 분류

농약관리법에서 정의하고 있는 농약과 관련된 업종에 대한 정의를 다음과 같이 하고 있다.

가 제조업

국내에서 농약 또는 농약활용기자재(이하 농약 등이라 함)를 제조(가공을 포함)하여 판매하는 업을 말한다.

나 원제업

국내에서 원제를 생산하여 판매하는 업을 말한다.

다 수입업

농약 등 또는 원제를 수입하여 판매하는 업을 말한다.

라 판매업

제조업 및 수입업 외의 농약 등을 판매하는 업을 말한다.

마 방제업

농약을 사용하여 병해충을 방제하거나 농작물의 생리기능을 증진하거나 억제하는 업을 말한다.

5. 용도에 따른 농약 제품 색상 분류

농약은 다양한 용도로 사용되고 있으므로 잘못 사용하게 되면 약해와 독성으로 인하여 예기치 않은 부작용이 발생할 수 있다. 따라서 농약 제품의 색상을 보고 최소한의 용도를 구분할 수 있도록 농약의 마개와 라벨에 사용되는 바탕색을 다음과 같이 구분하고 있다. 사용되는 용도에 따라 살균제는 분홍색, 살충제는 녹색, 제초제는 노란색 특히 비선택성 제초제인 경우는 적색, 식물생장조절제는 청색 기타 약제는 백색으로 구분하고 있다. 혼합제 및 동시 방제용 농약의 경우는 해당 농약 색깔을 함께 표기하고 있다.

용도	살균제	살충제	제초제	비선택성 제초제	생장 조정제	기타 약제	혼합제 및 동시방제용농약
라벨 바탕색	분홍색	녹색	황색	적색	청색	백색	해당 농약 색깔 병용

6. 농약의 역할

농약은 작물 재배 시 수확량을 높이고 품질을 향상시키기 위해 농작물이 생육하는 시기에 이를 가해하는 병해충과 잡초를 효율적으로 방제할 목적으로 사용한다. 그 결과로 작물 생산성이 일관성 있게 유지되며, 품질이나 안전성이 확보된 농산물을 생산할 수 있게 된다.

가 농업 생산성 증대

농산물 생산량의 증가는 그동안 다수확 신품종의 육성, 보급 및 재배 기술의 개선 그리고 기계화 등에 의한 직접적 영향과 농약으로 병해충의 방제가 가능했기 때문이다.

나 노동력 절감

농촌 노동력의 고령화로 인하여 노동력이 부족한 상황에서 제초제의 사용으로 제초작업에서 노동력 절감을 이룰 수 있었다. 다양한 제제기술의 개발로 두 가지 또는 그 이상의 농약 성분을 혼합하여 제제한 혼합제 개발과 농약 혼용을 통한 다양한 병해충에 대한 동시방제가 가능해져 농약 살포에 있어서 노동력을 절감할 수 있게 되었다.

다 품질 향상

수확한 농작물을 저장과 유통할 때 농작물을 가해하는 병해충을 방제함으로 인해 농산물의 품질 향상에 기여하고 있다. 농산물의 국가 간의 교역에 있어서도 수확 후 처리제(post-harvest pesticide) 등이 개발되어 사용됨으로서 수송하고 저장하는 동안 농산물의 변질을 막을 수 있어 품질 유지에 크게 도움을 주고 있다. 또한 시기에 구애받지 않고 싱싱하고 좋은 품질의 농산물을 식탁에서 대할 수 있는 것도 우수하고 안전한 농약이 개발되었기 때문에 가능하다고 할 수 있다.

라 연작재배 가능

농작물 재배시 발생할 수 있는 연작 장애 문제 해결에 도움을 주었다.

마 수확시기 조절

생장조절제 등을 활용하여, 개화시기를 조절하거나, 생육을 조절하여 작물의 수확시기를 조절 할 수 있게 되었다.

7. 농약의 구비조건

가 우수한 약효

소량으로서도 약효가 확실해야 한다. 방제 대상이 되는 생물체를 효과적으로 방제하기 위해서는 방제 대상 생물체의 작용점에 농약이 도달되어야 약효가 발휘하게 되는데, 적은 약량으로 단일 작용점에 작용할 수 있으면 좋은 방제 효율을 나타낼 수 있다.

농약의 약효는 가능하면 광범위하게 발휘되는 것이 바람직하나 천적이나 유용생물에까지 영향을 미쳐서는 안 된다. 최근에는 방제대상인 병원균, 해충, 잡초만 방제할 수 있는 선택성이 높은 약제들이 개발되어 기존 약제보다 살포 약량을 적게 하여도 방제 효과가 우수하고 환경오염을 덜 유발하는 약제들이 개발되고 있다.

나 인축에 대한 안전성

농약은 작물을 가해하는 병균이나 해충, 잡초와 같은 생물을 방제하는 약제이므로 정도의 차이는 있으나 독성이 있는 물질이다. 따라서, 독성 정도가 높거나 잔류기간이 길어 농약에 노출될 수 있는 사람이나 주변 가축에게 심각한 독성을 나타내어서는 안된다.

농약은 다양한 경로로 사람들에게 접촉되는데 농약을 제조하는 사람, 농약을 살포하는 사람, 잔류된 농산물을 섭취하는 사람, 그리고 우리 주변 환경에 존재하면서 농약을 흡입하거나 접촉하게 되면 중독이 일어날 수 있으므로 인축에 대한 독성은 가급적 낮아야 한다.

❖ 우리나라의 농약품목별 독성 구분

구 분	품목수(2,142)
Ⅰ급(맹 독 성)	0
Ⅱ급(*고 독 성)	4(0.2%)
Ⅲ급(보통독성)	331(15.5%)
Ⅳ급(저 독 성)	1,807(84.3%)

* 고독성 농약(검역 및 저장해충 방제용): 마그네슘포스파이드 판상훈증제, 메틸브로마이드 훈증제, 알루미늄포스파이드 훈증제, 에탄디니트릴 훈증제(농약 포장지 하단에 독성등급 표시색)

출처: 2022년 12월 말, 농촌진흥청

다 농작물에 대한 안전성

병해충 및 잡초로부터 농작물을 보호하기 위하여 사용된 농약에 의하여 농작물이 받은 피해를 약해라고 하며, 약해로 인해 작물 생육이나 농작물의 품질에 피해가 생기면, 아무리 약효가 우수한 농약이라 하더라도 농약으로서의 가치는 낮아진다. 따라서, 재배되는 농작물의 형태와 농약 제제를 고려하여 약효는 보장이 되고 약해 발생 우려가 없는 농약을 제조하여야 한다.

라 생태계에 대한 안전성

농약이 가지고 있는 잔류성이 너무 길게 되면 농약의 분해가 잘 안되어 살포 목적과 달리 주변 생태계를 파괴할 수 있다. 과거에 사용된 농약 중 잔류성이 너무 길어서 문제가 된 DDT를 포함한 유기염소계 살충제들은 생태계에 잔류되어 지속적인 영향을 미치게 되어 지금은 대부분 국가에서 농업용으로는 사용이 금지되어 있고 이들 화학물질은 잔류성유기오염물질로 규제를 받고 있다.

따라서, 농약으로서 약효 외에 생태계의 생명체들에 대한 안전성도 충분히 고려되어서 만들어져야 한다.

마 제품 제작이 용이할 것

농약은 원제를 직접 대상 농작물에 살포할 수 없기 때문에 적절한 제형으로 제조되어야 한다. 농약의 물리화학적 성질이 손상되지 않으며, 약효를 잘 나타낼 수 있고 사용자들이 편리하게 사용할 수 있도록 제조되어야 하며 대량 생산을 해도 제제화가 문제없이 쉽게 되어야 한다. 또한, 농약은 제품으로 생산된 후에도 주성분 안정성(stability)에 대한 변화가 약효 보증기간 내에 일어나게 되면 약제로서의 가치를 잃어버린다.

바 농약 가격의 합리성

아무리 약효가 우수하고 인축과 환경에 안전한 농약이라 하더라도 농약의 가격이 너무 비싸 농업생산비를 높이게 되면 전반적으로 농업경영비를 상승시키게 되어 이익이 줄어든다. 따라서 농약을 개발하여 제품화 할 때 소요되는 비용이 적절하여야만 그것이 최종적으로 상품화되었을 때 경제성을 갖추게 된다.

사 기타

농약이 갖추어야 할 구비조건은 이 외에도 사용하기 편리하게 제조될 수 있어야 하고, 대량생산도 가능하여야 한다. 특히 우리나라는 농약관리법에서 국내에서 사용하기 위한 모든 농약의 품목은 반드시 농촌진흥청을 통하여 등록되어야 한다는 법적인 규정이 있으므로 등록되지 않은 농약은 사용할 수 없다.

핵심 내용 정리

1. 우리나라 농약의 등록 및 유통, 판매 등을 총괄하는 법률과 관리부서

◆ 농촌진흥청에서 운용하는 농약관리법

2. 농약 명명법 5가지

◆ 일반명, 화학명, 품목명, 상표명, 개발명

3. 농약 포장시 색상에 따른 농약 제품 분류

◆ 살균제(분홍색), 살충제(녹색), 제초제(황색), 비선택성 제초제(적색), 생장조정제(청색), 기타약제(백색)

4. 농약의 역할

◆ 농업생산성 증대, 노동력 절감, 품질 향상

5. 농약의 구비조건

◆ 우수한 약효, 인축에 대한 안전성, 농작물에 대한 안전성, 생태계에 대한 안전성, 제제의 용이성, 합리적인 가격

기출 및 예상문제

1. 기출

농약의 명명법 중 모핵화합물을 암시하면서 단순화 시킨 명칭을 무엇이라 하는가?

① 화학명 ② 일반명
③ 코드명 ④ 상표명
⑤ 품목명

2. 기출

국내에서 농약을 제조하여 판매하려면 품목별로 등록하여야 한다. 한국의 농약품목 등록권자는 누구인가?

① 대통령
② 산림청장
③ 농촌진흥청장
④ 농림축산식품부 장관
⑤ 국립농산물품질관리원장

3. 기출

한국의 농약관리법에서 규정하고 있는 농약에 해당하지 않는 것은?

① 살충제 ② 살서제 ③ 전착제
④ 유인제 ⑤ 식물생장조절제

4. 기출

농약으로 사용되기 위하여 구비하여야 할 조건으로 가장 거리가 먼 것은?

① 살포시 작물에 대한 약해가 없어야 한다.
② 병해충을 방제하는 약효가 뛰어나야 한다.
③ 작물재배 전체기간 중 잔효성이 유지되어야 한다.
④ 사용하는 농민에 대하여 독성이 낮아야 한다.
⑤ 작물 또는 토양에 대한 잔류성이 없어야 한다.

5. 기출

농약의 품목에 관한 내용 중 옳은 것은?

① 유효성분명을 계통으로 분류한 것이다
② "델타메트린 수화제"는 품목명이다.
③ 보조제 함량과 제제의 형태로 분류한 것이다
④ 유효성분 계통과 보조제 성분이 동일한 농약이다.
⑤ 품목이 동일한 농약은 같은 상표명을 갖는다

6. 기출

농약의 사용 목적에 따른 분류가 아닌 것은?

① 살충제 ② 살균제 ③ 제초제
④ 유기인제 ⑤ 생장조정제

7. 기출

농약의 구비조건에 해당되지 않은 것은?

① 가격이 저렴해야 한다.
② 혼용범위가 되도록 넓어야 한다.
③ 소량으로도 약효가 확실해야 한다.
④ 인축 및 생태계에 대한 독성이 높아야 한다.

8. 기출

농약이 갖추어야 할 사항으로 틀린 것은?

① 인축에 대한 독성이 낮아야 한다.
② 토양 및 수질 오염을 유발시키지 않아야 한다.
③ 작물 또는 토양에 대한 잔류성이 없어야 한다.
④ 적용 해충의 범위가 넓고 비선택적이어야 한다.

9. 기출

농약관리법령상 농약이 아닌 것은?

① 살충제　② 전착제
③ 기피제　④ 위생해충제

10. 기출

농약사용의 문제점과 관련된 내용으로 옳지 않은 것은?

① 농약사용 증가로 인한 약제 저항성 증가
② 잔류문제 해결을 위한 저 잔류성 농약개발
③ 생태계 파괴문제 해결을 위한 선택성 농약개발
④ 인축문제 해결을 위한 고독성농약 등록 폐지
⑤ 농약오용문제 해결을 위한 Intergrated Nutrient Managemen(INM) 실천

11. 기출

농약관리법령상 농약의 방제 대상이 아닌 것은?

① 곤충　② 응애
③ 선충　④ 천적

12. 기출

농약관리법상 새로운 농약을 제조업자가 국내에서 제조하여 국내에서 판매하기 위해 등록한 품목등록의 유효기간은?

① 3년　② 5년
③ 10년　④ 15년

13. 기출

농약관리법령상 농약 등의 안전사용기준에서 제한하는 항목이 아닌 것은?

① 저장량
② 사용량
③ 사용시기
④ 사용지역

14. 기출

농약관리법령상 농약에 해당하는 것으로 옳은 것은?

① 농작물을 해하는 균, 곤충, 응애 등의 방제에 사용하는 살균제, 살충제, 제초제 및 농작물의 생리기능을 증진 또는 억제하는데 사용하는 약제

② 농작물의 생장을 저해하는 병충해의 방제에 사용하는 유제, 액제, 분제, 입제와 약효를 증진시키는 자재

③ 농작물의 생장을 저해하는 병충해의 방제에 사용하는 살충제, 살균제, 제초제, 살비제 및 생장촉진제

④ 농작물의 생장을 저해하는 병충해의 방제에 사용하는 살균제, 살충제, 제초제, 살비제, 보건용 약제와 약효를 증진시키는 자재

정답 및 해설: 170쪽

제2장 농약의 분류

꼭 알아두기!

- 사용목적에 따른 분류: 농약관리법상 농약으로 분류되지 않는 것을 알아두어야 한다.
- 유효성분에 따른 분류: 사용목적과 연계하여 유효성분 계통별 분류를 알아두어야 한다.
- 사용목적과 특성에 따른 유효성분 계통별 약제의 특성을 알아두어야 한다.

농약은 작물이나 수목을 병, 해충, 잡초로부터 보호하고, 건강한 생장을 돕는데 사용하는 약제로서 농약관리법에서는 살균제, 살충제, 제초제 및 생장조정제로 크게 분류하고 있다. 현재 농약은 '사용목적', '유효성분', '작용기작(특성)', '제형'에 따라 분류할 수 있으며, 이러한 분류는 농약의 특성을 잘 이해할 수 있는데 도움이 된다.

1. 사용목적에 따른 분류

사용목적에 따른 분류에서는 농약의 방제대상 생물을 그룹화하여 분류하는 방법으로 보편적으로 가장 잘 알려진 분류 체계이다. 사용목적에 따른 분류에서는 농약관리법에서 분류하고 있는 살충제, 살균제, 제초제, 생장조정제를 보다 더 상세하게 세분류하고 있다.

살균제	살충제	제초제	생장조정제	기타제
보호살균제 직접살균제 기타제 - 종자소독제 - 토양소독제 - 과실방부제	살충제 - 식독제 - 접촉독제 - 침투성살충제 - 훈증제 - 유인제 - 기피제 - 불임화제 살응애제 살선충제 살연체동물제	제초제 - 선택성제초제 - 비선택성제초제	식물호르몬계 비호르몬계	살조제 살어제 살조류제 혼합제 생물농약 보조제 - 전착제 - 증량제 - 용매 - 유화제 - 협력제 - 약해경감제

가 살균제

살균제는 식물병원성 미생물인 세균, 진균, 바이러스 등의 방제를 위해 사용되며, 사용목적과 작용특성에 따라 다시 한번 분류할 수 있다.

1) 작용 특성

① **보호살균제**: 병 발생전 병원균이 식물 체내로 침입하는 것을 방지하여 병 발생을 예방할 목적으로 사용하는 약제

- 구리제: 유기태 혹은 무기태 구리를 주성분으로 하는 제품

  예) [무기구리] 보르도액, 코퍼하이드록시드 등, [유기구리] 옥신코퍼, 프로클라즈코퍼

- 유황제: 유기태 혹은 무기태 유황을 주성분으로 하는 제품

  예) [무기유황] 석회황, 황 등, [유기유황] 만코제브, 티람 등 티오카바메이트계 제품 등

- 기타: 디티아논 등 퀴논계, 클로로탈로닐 등 아릴니트릴계

② **직접살균제**: 병원균의 침입 방지뿐만 아니라, 침입한 병원균을 사멸시킬 수 있는 약제로서 병 발생 후에도 치료를 목적으로 사용 가능한 약제

③ **기타**

- 종자소독제: 식물의 종자 혹은 종묘에 감염된 병원균을 사멸시킬 목적으로 사용되는 약제로 분의법 혹은 침지법을 통해 사용

- 토양소독제: 작물의 파종이나 정식 전 혹은 수목의 식재 전에 토양 중 미생물을 사멸시킬 목적으로 사용되는 약제 예) 다조멧, 메탐소듐, 아바멕틴입제 등
- 과실방부제: 과일과 채소류의 저장 중 부패 방지를 위해 사용하는 약제로 수확후 처리제로 사용 예) 이미녹타딘, 크레속심-메틸, 티아벤다졸 등

나 살충제

살충제는 절지동물 곤충강의 미세 해충을 방제하는데 사용되며, 작용 특성에 따라 아래와 같이 나누어 볼 수 있다.

1) 작용 특성에 따른 분류

① **식독제**: 소화중독제라고도 하며, 약제가 해충의 소화기관을 통해 침투하여 독작용을 나타낸다.

② **접촉독제**: 해충 표피에 약제가 닿아 체내로 침입하여 독작용을 나타낸다.
- 직접 접촉독제: 약제가 해충의 피부에 직접 접촉되어 독작용을 나타내는 약제
- 잔류성 접촉독제: 약제가 살포된 표면에 해충이 접촉하여 독작용을 나타내는 약제

③ **침투성살충제**: 식물의 잎 또는 뿌리, 근권토양에 약제를 처리하였을 때 약물이 식물 체내로 흡수 이행되어 흡즙해충 방제에 효과적인 독작용을 나타낸다.
- 반침투성약제: 약제가 처리된 식물의 잎과 줄기 주변의 확산은 일부 이루어지나, 전 부위로의 이동은 어렵다.
- 침투이행성약제: 식물의 물관과 체관 등을 통해 식물의 전 부위 이동이 가능하다.

④ **훈증제**: 약제가 쉽게 휘발되어 증기 상태로 해충의 호흡기관을 통해 체내 침투하여 독작용을 나타낸다.

예) 메틸브로마이드, 에틸포메이트 등

⑤ **유인제**: 해충을 유인하여 포집하는 약제로 주로 성 유인제가 사용되며, 포집트랩 등과 함께 사용한다.

⑥ **기피제**: 기피 성분을 사용하여 작물이나 수목에 해충이 접근하지 못하도록 한다.

예) 라우릴알콜 등

⑦ **불임화제**: 해충을 불임화 하여, 다음 세대 해충 발생을 경감시킨다.

예) amethopterin, hempa, tepa, metepa, methotrexate 등

다 살응애제

살응애제는 거미강 응애목의 미세해충류의 방제에 사용되며, 응애는 일 년 중 여러 번 세대 교번하므로 살응애제는 알, 유충, 성충을 모두 방제할 수 있도록 잔효성이 긴 특징이 있다.

예) 비페나제이트, 사이에노피라펜, 에톡사졸 등

라 살선충제

살선충제는 토양 혹은 식물의 뿌리나 줄기에 서식하며 피해를 주는 선형동물인 선충을 방제하는데 사용한다. 선충 전용약제 보다는 토양훈증제나 살충제 중 선충방제에 효과적인 약제가 사용된다.

예) 메탐소듐, 아바멕틴, 에토프로포스 등

마 살연체동물제

살연체동물제는 달팽이류 방제에 사용된다.

예) 메트알데하이드, 에토프로포스 등

바 살조제(Avicide)

살조제는 조류(鳥類)에 의한 피해방제에 사용된다.

사 살어제

살어제는 물고기 등 어류에 대해 비선택적 독성을 갖는 약제로 양어장 등에서 사용된다.

아 살조류제

살조류제는 수생태계에 발생하는 조류(藻類, algae)의 방제에 사용되며, 조류는 포자 번식의 독립영양생활을 하므로 살균 혹은 제초 작용의 약제가 사용된다.

예) 디메타메트린 등

자 제초제

제초제는 수목이나 작물의 생육환경을 불리하게 하는 경쟁적 식물인 잡초와 잡목을 방제하기 위해 사용하는 약제로, 작물 혹은 수목과 방제 대상 사이의 미세한 생리학적 차이만 존재하여 약해 발생 가능성이 높다.

1) 작용 특성에 따른 분류

① **선택성 제초제**: 잡초의 형태적 특성에 따라 선택적 방제가 가능한 약제

- 광엽(쌍떡잎 잡초) 제초제: 벤타존, 2,4-D 등
- 화본과(외떡잎 잡초) 제초제: 세톡시딤, 메타미포프 등

② **비선택성 제초제**: 식물의 종류에 상관없이 모든 식물의 방제에 사용 가능한 약제

예) 글루포시네이트, 글리포세이트, 파라콰트 등

2) 사용 시기에 따른 분류

① **발아 전 처리제**: 잡초가 발아하기 전 토양에 처리하여 사용한다.

예) 알라클로르, 티오벤카브 등

② **발아 후 처리제**: 잡초 발아 초기에서 생육기간 중 토양이나 지상부에 처리한다.

3) 약제의 침투성에 따른 분류

① **접촉형 제초제**: 약제가 접촉된 부위에만 국부적인 살초 효과를 나타낸다.

예) 다이콰트 등

② **이행형 제초제**: 제초제가 식물 체내에 침투 이행하여 살초 효과를 나타낸다.

예) 디캄바, MCPB 등

4) 성분구성에 따른 분류

① **무기 제초제**: 무기성분으로 구성된 제초제

예) 염산소다, 염소산 석회, 청산소다, 청산칼리, 설파민산제 등 [비선택성 접촉형 제초제]

② **유기 제초제**: 유기탄소 성분으로 구성된 제초제

차 식물생장조절제

식물의 생육을 촉진하거나 억제할 목적으로 사용하는 약제로 식물호르몬계와 비호르몬계로 구분된다.

1) 식물호르몬계

식물호르몬계는 식물에서 알려진 생장 촉진 혹은 노화와 관련된 호르몬류로 천연 호르몬을 활용하거나 유사 구조로 합성된 약제가 있다.

① **옥신류**: IAA, 나드, 4-CPA

② **지베렐린류**: 지베렐린산, 지베렐린A4 등

③ **시토키닌류**: 6-BA

④ **에틸렌류**: 에테폰

2) 비호르몬계

① **에틸렌억제제**: 1-메틸사이클로프로펜

② **생장억제제**: 다이디브로마이드, 말릭하이드라자이드, 뷰트랄린 등

③ **생장촉진제**: 나이트로페놀레이트, 포클로르페뉴론 등

④ **신장억제제**: 다미노자이드, 디니코나졸, 이프로벤포스 등

카 혼합제

사용 목적 혹은 작용 특성이 서로 다른 2종 이상의 약제를 혼합하여 만든 약제로 두 가지 이상의 병해충, 잡초에 대해 동시 방제할 목적으로 사용한다.

타 생물농약

천연식물보호제라고 하며, 살아있는 미생물을 유효성분으로 제조하거나, 자연에서 생성된 유기 혹은 무기화합물을 유효성분으로 제조된 약제를 말한다.

예) *Bacillus thuringiensis* 가 생성한 독소단백질, 기생벌 등 천적

파 보조제

살균제, 살충제, 제초제 등의 유효성분을 제제화하거나 효력을 증진시킬 목적으로 사용되는 첨가물로서 그 자체는 약효를 갖지 않는다.

1) **전착제**: 농약의 유효성분을 방제 대상이나 작물에 잘 부착시킬 목적으로 사용한다.
2) **증량제**: 입제, 수화제 등 고상제품을 균일한 농도로 제조하거나, 원제의 희석과 살포 편이성을 높일 목적으로 사용한다.

   예) 활석, 고령토, 벤토나이트, 규조토 등
3) **용매**: 유제나 액제와 같은 제품의 원제를 녹이기 위해 사용한다.

   예) 석유화학계통 유기용매류(유제 등 제조), 물 혹은 알콜류(액제 등 제조)
4) **유화제**: 물에 녹지 않는 원제 혹은 고상제의 물에 대한 분산성 등을 증진할 목적으로 사용한다.

   예) 계면활성제류
5) **협력제**: 자체는 약효가 없으나, 유효성분의 약효를 증진시킨다.

   예) 피페로닐 부톡사이드 등
6) **약해경감제**: 제초제 등으로부터 발생하는 약해를 경감할 목적으로 사용한다.

   예) 펜클로림 등

2. 유효성분에 따른 분류

농약 유효성분의 구조적 특징을 반영하여 분류하는 방법으로 동일 계통 약제는 유사한 작용기작과 약효를 나타낼 수 있어 농약의 계통별 특성을 이해하면 개별성분에 대한 작용

특성을 이해하는 데 도움이 된다. 다만, 유효성분의 구조적 특성에 따른 분류는 명확한 가이드라인이 없어 일부 다르게 분류될 수 있으며, 동일계통의 모든 약제가 동일한 작용기작 및 작용특성을 갖는 것은 아니기 때문에 계통적 특성만으로 개별성분의 특성을 규정할 수 없고, 개별성분에 대한 특성은 반드시 확인해야 한다.

❖ 농약의 주요 유효성분계통

살균제	살충제	제초제
벤지미다졸계	유기인계	트리아진계
트리아졸계	카바메이트계	피라졸계
피리미딘계	피레트린계	디니트로아닐린계
페닐아미드계	유기염소계	페닐요소계(우레아계)
아실알라닌계	네오니코티노이드계	설포닐요소계
유기인계	네레이스톡신계	비피리딜계
모르포린계	페닐피라졸계	클로로아세타미드계
옥사티인계	아바멕틴계	페녹시프로판산계
스트로빌루린계	디아마이드계	사이클로헥산디온계
디티오카바메이트계	로테논계	인산아미노산계
이미다졸계	벤조일요소계	디페닐에테르계
무기계 [유황계, 동(구리)계]	디아실하이드라진계	티오카바메이트계
유기비소계	기타	페녹시계
항생물질계		벤조산계
기타		기타

가 살균제

1) **벤지미다졸계** 나1: 병원균의 세포분열 과정의 미세소관 생성 저해 작용이 알려짐

예) 베노밀, 카벤다짐, 티오파네이트-메틸 등

2) **트리아졸계** 사1: 병원균의 세포막 스테롤 생합성 저해 작용이 알려짐

예) 트리아디메폰, 메트코나졸, 마이클로부타닐 등

3) **피리미딘계** 사1: 병원균의 세포막 스테롤 생합성 저해 작용이 알려짐

예) 페나리몰 등

4) **페닐아미드계** 다2: 아닐라이드계통으로 병원균의 호흡 과정 저해 작용이 알려짐

예) 메프로닐, 플루톨라닐 등

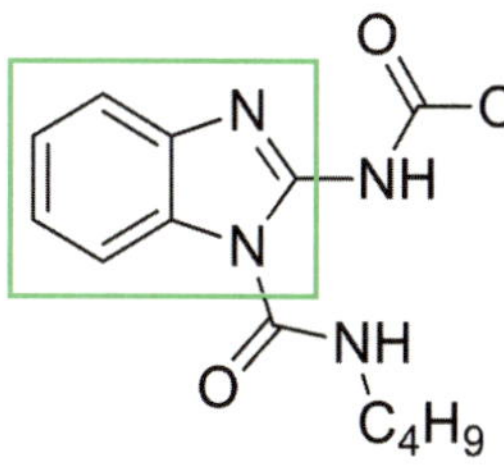

베노밀(벤지미다졸계)

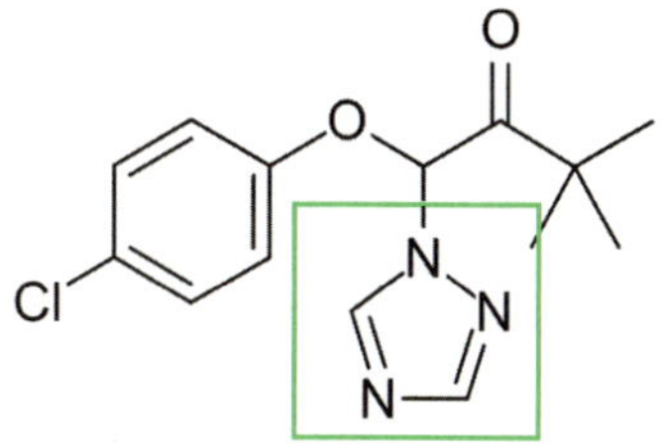

트리아디메폰(트리아졸계)

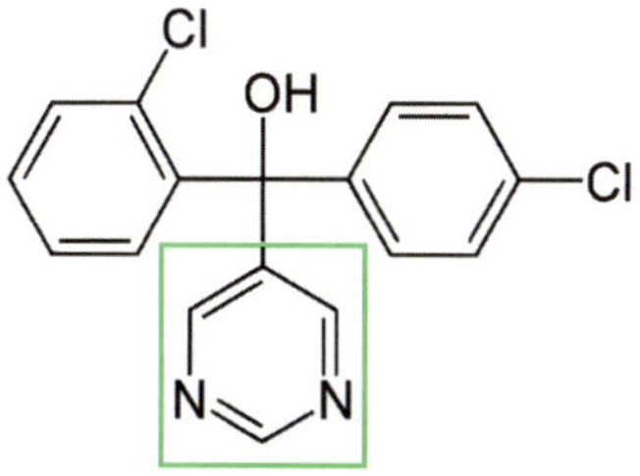

페나리몰(피리미딘계)

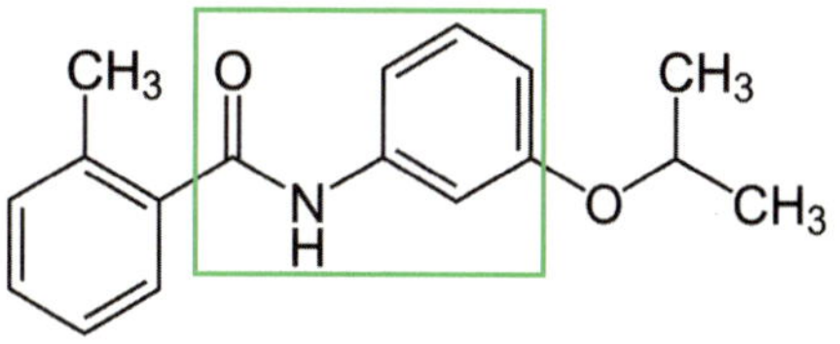

페닐아미드계(메프로닐)

5) **아실알라닌계** 가1: 아닐라이드계통으로 페닐아미드계와 구조적으로 유사하지만, 병원균의 핵산합성 저해 작용이 알려짐

예) 메탈락실, 베나락실 등

6) **유기인계** 바2: 인에스테르 결합 특징이 있으며, 병원균의 세포막 인지질 생합성 억제 작용이 알려짐

예) 이프로벤포스, 톨클로르포스-메틸 등

7) **모르포린계** 아5: 모르포린을 핵심구조체로 하며, 병원균의 세포벽 생합성억제와 스테롤 생합성 저해 작용이 알려짐

예) 디메토모르프 등

8) **옥사티인계** 다2: 병원균의 미토콘드리아 호흡 저해 작용이 알려짐

예) 카복신, 옥시카복신 등

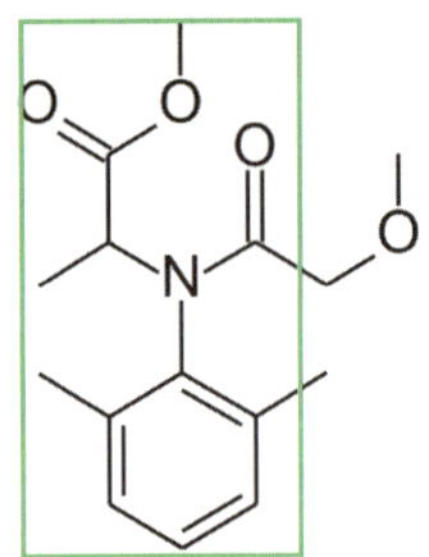

아실알라닌계(메탈락실)

유기인계(이프로벤포스)

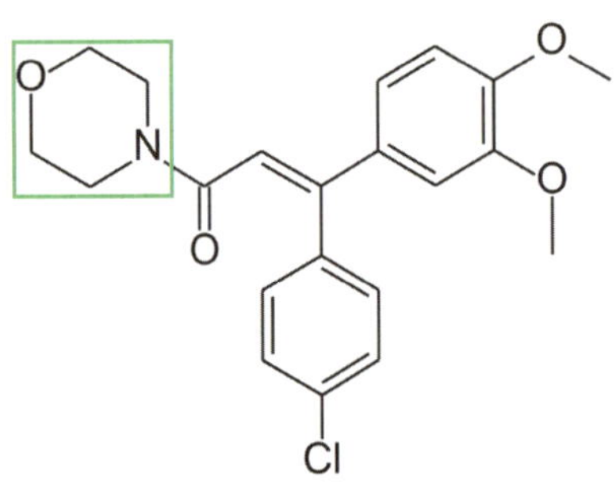

모르포린계(디메토모르프)

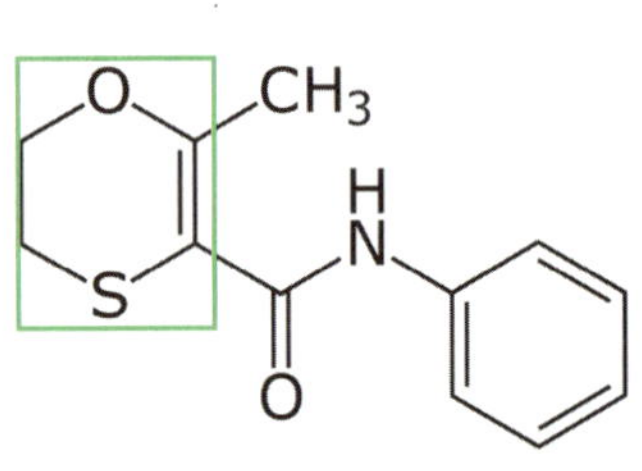

옥사티인계(카복신)

9) **스트로빌루린계** 다3: 사상균 생성물질에서 유래하였으며, 병원균의 미토콘드리아 호흡 저해 작용이 알려짐

예) 아족시스트로빈, 크레속심-메틸 등

10) **디티오카바메이트계** 카: 주로 철, 아연, 니켈등과 착염 형태를 이루며, 비선택적 다점작용 살균제로 알려짐

예) 만코제브, 티람 등

11) **이미다졸계** 사1 다4: 병원균의 세포막 스테롤생합성 저해와 미토콘드리아 호흡 저해 작용이 알려짐

예) 프로클로라즈, 사이아조파미드 등

12) **항생물질계**: 항생물질에서 유래하여 아미노산 및 단백질 합성 저해 작용이 알려져 있으며, 세균병 방제에 사용됨

예) 옥시테트라사이클린, 스트렙토마이신, 가스가마이신 등

스트로빌루린계(크레속심-메틸)

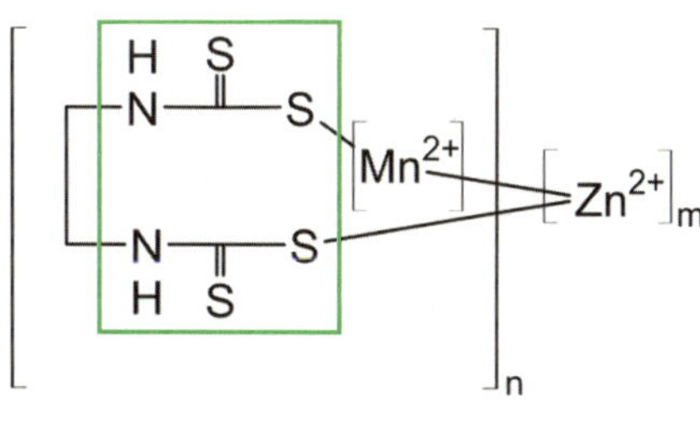

디티오카바메이트계(만코제브)

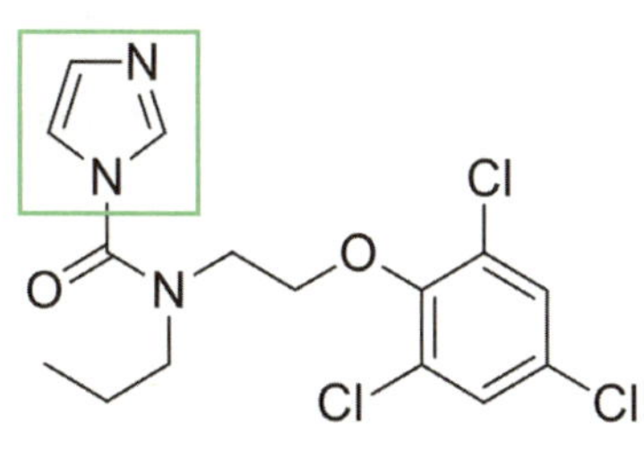

이미다졸계(프로클로라즈)

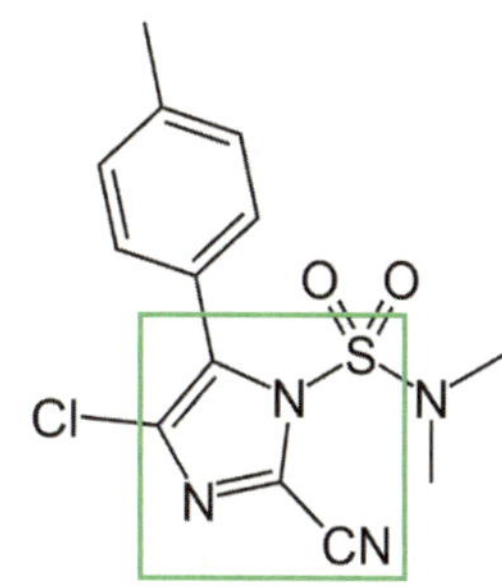

시아노이미다졸계(사이아조파미드)

13) 무기계

① **동제(구리계)**: 알칼리성으로 유기인계와 혼용 불가하며, 구리이온에 의한 살균효과로, 약제 살포 후 강우시 약효는 줄어들고 약해 발생 우려가 높다. 또한, 조제 후 방치하면 입자가 커져 약효가 감소하므로 병 발생 2~7일전 제조 즉시 사용한다.

예) 보르도액(황산구리+생석회), 석회보르도액(황산구리+소석회)

② **수은계**: 수은이 포함된 약제로 약해와 인축 독성으로 인해 사용되지 않음

예) 무기 수은제, 페닐초산수은(PMA) 등 유기수은제

③ **유황계**: 유황을 포함하는 약제

예) 무기유황제(가스 유황 및 유황 자체 사용), 석회유황합제(살균+살충력이 있으나 약해 우려), 수화성 유황제(살균력은 석회유황합제보다 약하지만, 약해 우려가 없음)

④ **유기 비소계**: 비소를 사용하는 약제로 유기인계와 혼용 주의

예) 아소진, 네오아소진

⑤ **유기 주석계**: 주석을 사용하는 약제로 살균력이 높으나 약해와 악취가 있고, 어독성이 높다.

예) 트리페닐틴계(TPTH, TPTC, TPTA 등)

나 살충제

1) **카바메이트계** 1a: 유기인계와 동일한 신경신호 교란작용을 갖는 것으로 알려져 있다. 유기인계와 비교하여 상대적으로 인축독성이 낮고, 유기염소계와 달리 체내 축적이 되지 않는다. 살균제와 제초제로도 개발되었다.

예) 카바릴, 페노부카브, 카보퓨란, 메소밀 등

2) **유기인계** 1b: 신경세포의 아세틸콜린 에스테라아제(아세틸콜린 가수분해효소)의 저해 작용이 알려져 있으며, 신경작용제로 적용해충 범위가 넓고 인축독성이 높으나, 동식물 체내 분해가 빠르고, 알칼리(염기용액)에 분해되기 쉬워 잔효성이 상대적으로 짧다.

예) 파라치온, 펜티온, 말라티온, 클로르피리포스, EPN(최초 유기인계), 디클로르보스(DDVP), TEPP 등

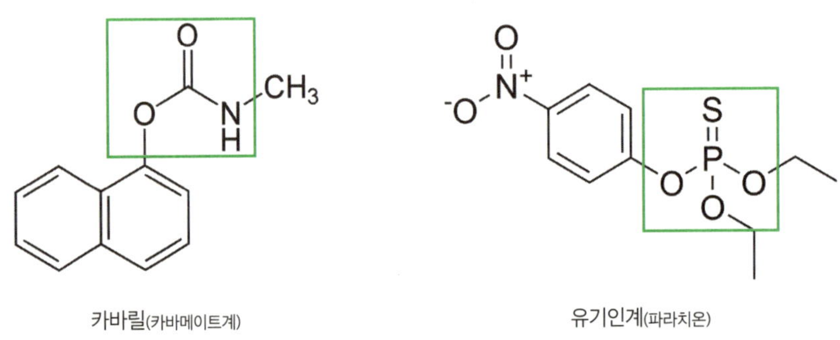

카바릴(카바메이트계) 유기인계(파라치온)

3) **피레트린계** 3a: 신경세포의 신경축삭 Na이온통로 교란으로 신경신호를 교란하는 작용이 알려져 있다. 제충국에서 유래한 물질을 기반으로 개발된 약제로 협력제로 피페로닐 부톡사이드를 사용한다.

예) 펜발러레이트, 델타메트린, 사이퍼메트린, 비펜트린 등

4) **유기염소계**: 염소를 다수 포함하고 있는 유기물질로 주로 신경계에 작용하며 신경축삭 등에서의 신경교란 작용이 알려져 있다. 인축독성이 낮고 잔효성이 길지만 내성(저항성) 유발과 체내 축적에 의한 잔류독성 유발의 단점이 있어 대부분 사용금지 되었다.

예) BHC, DDT, 엔도설판 등

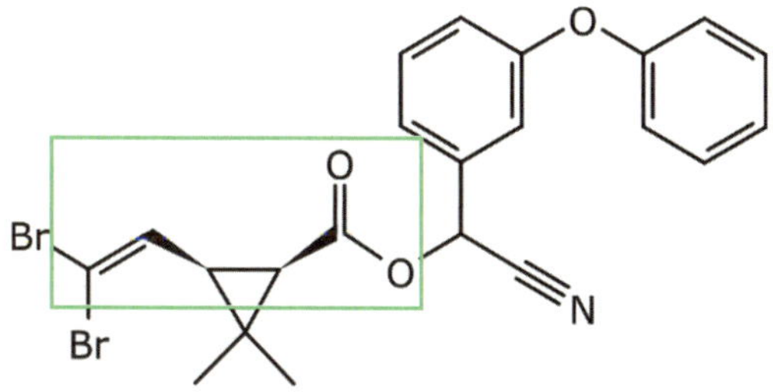

피레트린계(델타메트린)

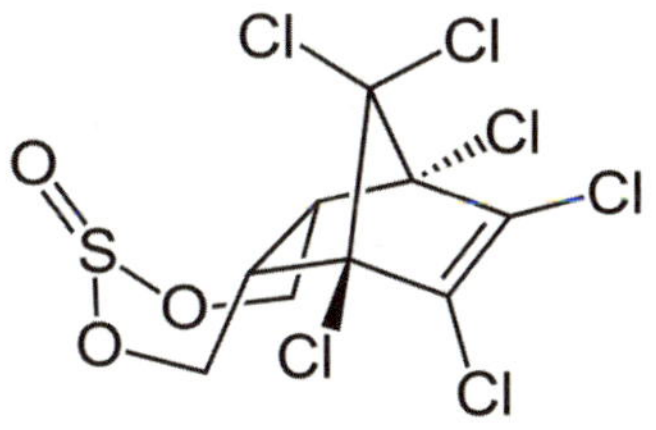

유기염소계(엔도설판)

5) **네오니코티노이드계**(니코틴계) 4a 4b: 신경전달물질 수용체를 교란하여 신경작용을 교란하는 것으로 알려져 있다. 담배에서 유래한 니코틴은 휘발된 가스상태에서 신경작용을 일으키며 속효성이고 잔효성은 낮다. 네오니코티노이드는 니코틴을 모태로 유도 합성하여 개발된 약제이다.

예) 니코틴, 아세타미프리드, 티아클로프리드, 이미다클로프리드 등

6) **네레이스톡신계** 14: 신경전달물질(아세틸콜린) 수용체에 결합하여 이온통로를 폐쇄함으로서 신경작용을 교란하는 것이 알려짐

예) 카탑, 벤설탑, 티오사이클람 등

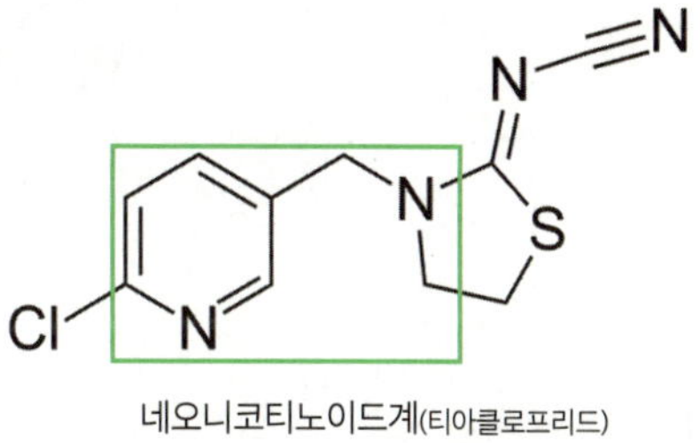

네오니코티노이드계(티아클로프리드)

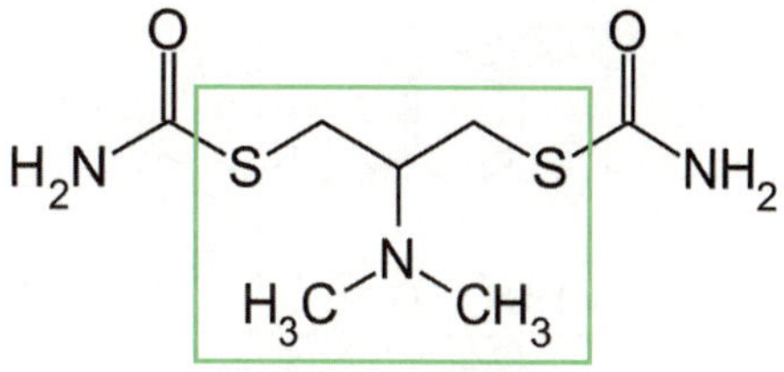

네레이스톡신계(카탑)

7) **페닐피라졸계** 2b: 신경세포의 GABA의존형 염소이온 통로를 교란하는 작용이 알려짐

예) 피프로닐, 에티프롤 등

8) **아바멕틴계** 6: 방선균의 종류인 스트렙토미세스(streptomyces)에서 유래한 물질로 신경세포의 염소이온통로를 활성화하여 신경신호를 교란하는 작용이 알려짐

예) 아바멕틴, 에마멕틴, 밀베멕틴 등

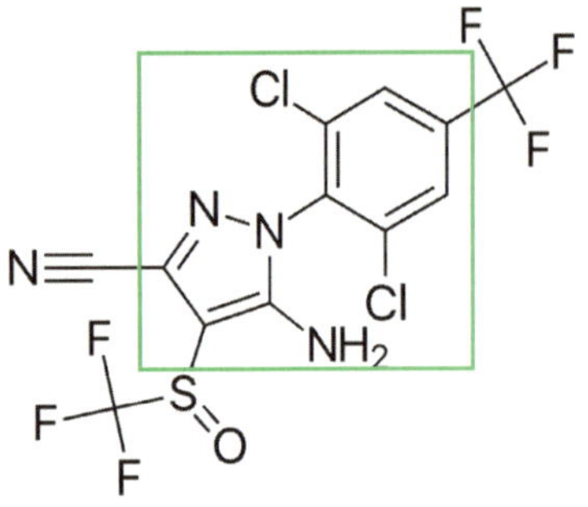

Avermectin B_{1a}
R = CH_2CH_3

Avermectin B_{1b}
R = CH_3

페닐피라졸계(피프로닐) 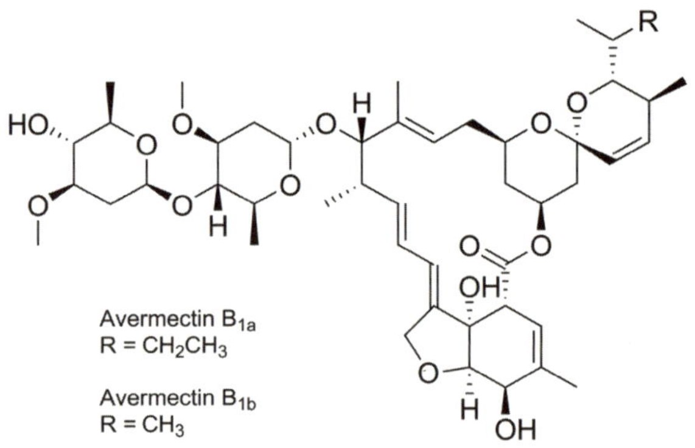　　　　아바멕틴계(아바멕틴)

9) **디아마이드계** 28: 근육세포 내 칼슘통로인 라이아노딘 수용체를 활성화하여 마비 작용을 일으키는 것이 알려짐

예) 플루벤디아마이드, 사이안트라닐리프롤 등

10) **로테논계** 21b: 콩과식물 데리스에서 유래한 성분으로 세포내 미토콘드리아 호흡 저해 작용이 알려져 있고 어독성이 매우 높음

예) 로테논 등

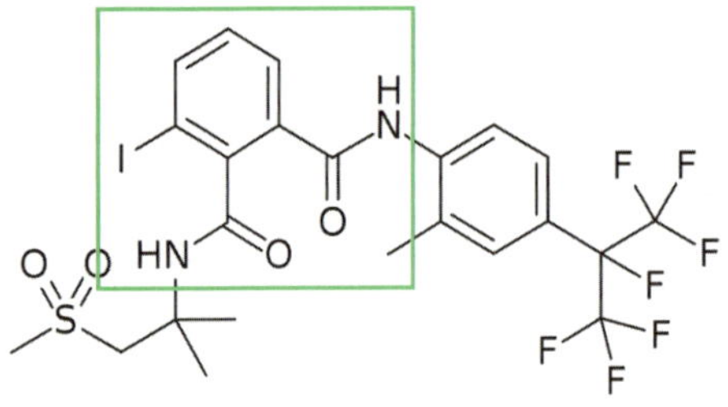

디아마이드계(플루벤디아마이드) 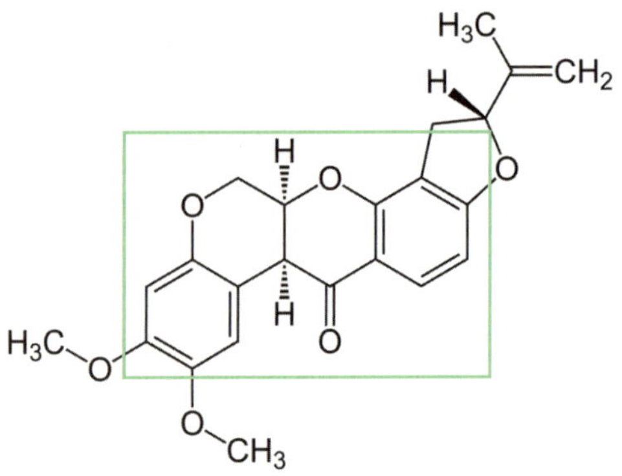　　　　로테논계(로테논)

11) **벤조일요소계**(벤조일우레아계) 15: 해충의 표피성분인 키틴 생합성 저해 작용이 알려짐

예) 디플루벤주론, 노발루론, 비스트리플루론 등

12) **디아실하이드라진계** 18: 해충의 탈피호르몬 수용체 기능 활성화 작용이 알려짐

예) 메톡시페노자이드, 테부페노자이드 등

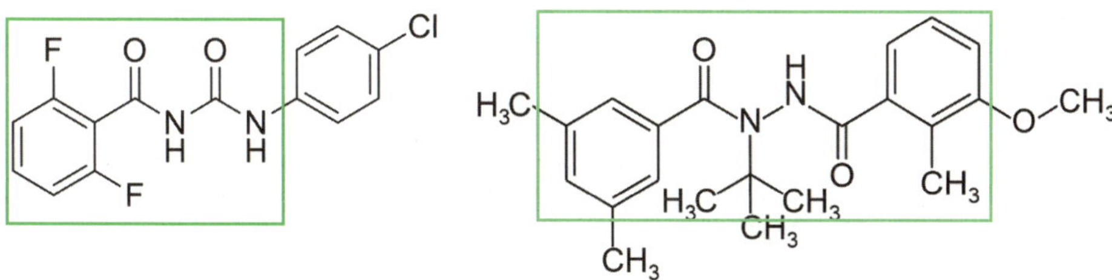

디플루벤주론(벤조일요소계) 디아실하이드라진계(메톡시페노자이드)

13) 기타

① **훈증계통**: 고온 사용시 약해 발생 우려가 높고, 식물 접촉시 약해 발생, 종자용 곡실류는 발아 장애 유발 가능

- 청산계(청산가스 발생): 액체 청산, 흡착 청산, 청산석회, 청산소다
- 클로로피크린: 피크린산과 염소가스 발생
- 메틸브로마이드, 이황화탄소, 인화알미늄, 아조벤젠(바구미, 나방류, 깍지벌레류 등 방제)

② **비소제**: 비산연, 비산석회 등

③ **불소제**: 불화소다(NaF)

다 제초제

1) 트리아진계 H05: 광합성 명반응(Hill반응)을 저해하는 작용이 알려짐

예) 시마진, 디메타메트린, 시메트린 등

2) 피라졸계 H27 H14: 엽록체 구성성분인 카로테노이드의 생합성효소(HPPD) 저해와 엽록소 생합성효소(PPO) 저해를 통해 색소생합성을 저해하는 작용이 알려짐

예) 피라졸리네이트, 피라플루펜-에틸 등

3) 디니트로아닐린계 H03: 세포분열시 미세소관 생합성을 저해하는 것이 알려짐

예) 벤플루랄린, 펜디메탈린, 트리플루랄린 등

4) 페닐요소계(우레아계) H05: 요소계로 불리기도 하며, 설포닐기가 결합한 설포닐우레아계와 달리 페닐기 혹은 헤테로고리치환기가 결합한 것이 특징이며, 트리아진계와 같이 광합성 명반응을 저해하는 작용이 알려짐

예) 리뉴론, 메타벤즈티아주론 등

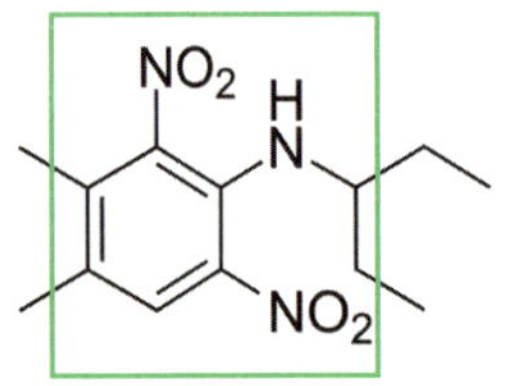

트리아진계(시마진)

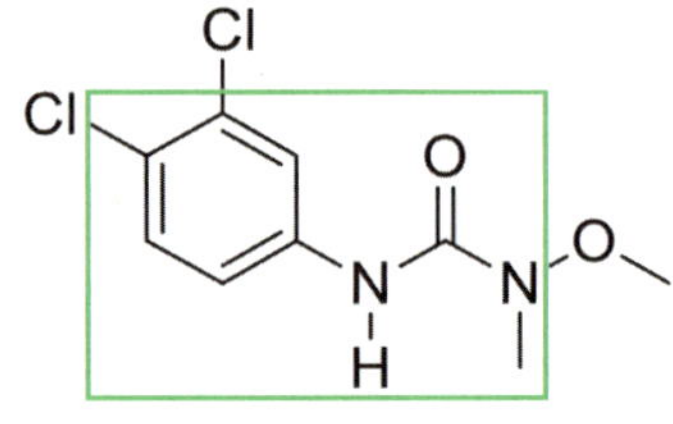

피라졸계(피라플루펜-에틸)

디니트로아닐린계(펜디메탈린)

페닐요소계(리뉴론)

5) **설포닐요소계** H02: 설포닐우레아계라고 부르기도 하며, 분지아미노산 생합성효소인 ALS 활성을 저해하는 작용이 알려짐

예) 아짐설퓨론, 벤설퓨론, 이마조설퓨론 등

6) **비피리딜계** H22: 광합성 과정에서 발생한 전자를 탈취하여 과산화물을 생성하여 광합성을 교란함으로써 살초작용을 일으키는 것이 알려짐

예) 파라콰트, 다이콰트등

7) **클로로아세타마이드계** H15: 아세트아닐라이드계 물질로서, 장쇄지방산 합성을 저해하여 세포분열을 저해하는 것이 알려짐

예) 알라클로르, 부타클로르, 프레틸라클로르 등

8) **페녹시프로판산계** H01: 아릴옥시페녹시프로판산계 등으로 불리며, 화학구조적으로는 페녹시계와 유사하나 식물체의 지질합성효소인 ACCase를 저해하는 작용이 알려짐

예) 사이할로포프, 플루아지포프, 프로파퀴자포프 등

설포닐우레아계(아짐설퓨론)

비피리딜계(파라콰트)

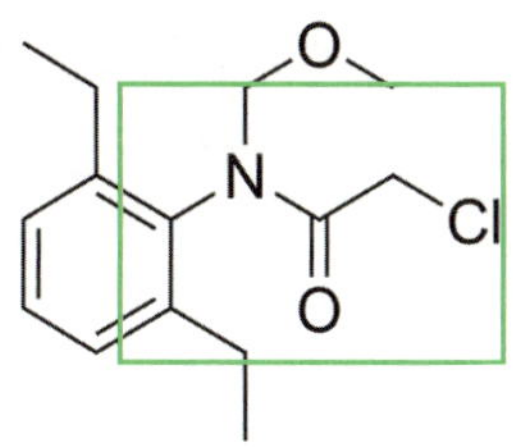

클로로아세타마이드계(알라클로르)

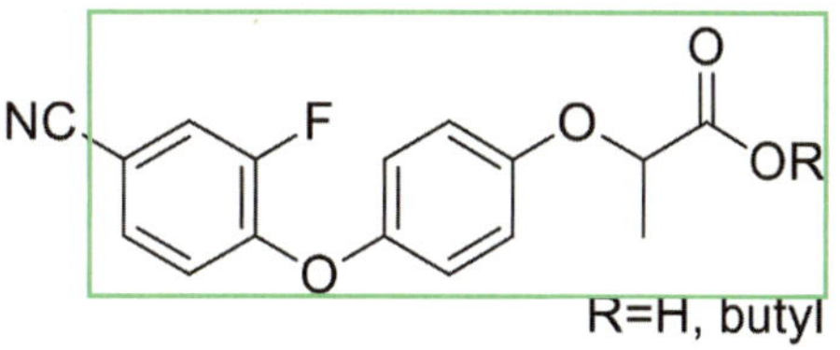

페녹시프로판산계(사이할로포프)

9) **사이클로헥산디온계** H01: 페녹시프로판산계와 유사한 작용으로 식물체의 지질생합성효소(ACCase)를 저해하는 것이 알려짐

예) 세톡시딤, 클레토딤 등

10) **인산아미노산계**: Phosphonoamino acid계라고 하며, 아미노산생합성 억제 작용이 알려짐

예) 글루포시네이트, 글리포세이트 등

11) **디페닐에테르계** H14: 엽록소 생합성효소인 PPO저해를 통해 색소생합성 억제 작용이 알려짐

예) 비페녹스, 옥시플루오르펜 등

12) **티오카바메이트계** H15: 장쇄지방산 생합성을 억제하여 세포분열을 저해하는 것이 알려짐

예) 티오벤카브, 몰리네이트 등

사이클로헥산디온계(세톡시딤)

인산아미노산계(글리포세이트)

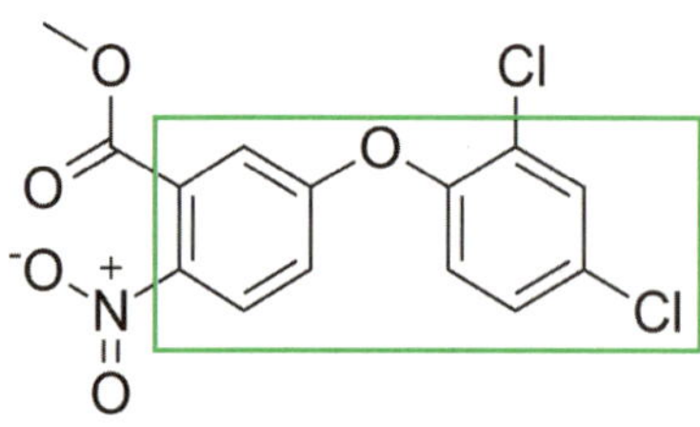

디페닐에테르계(비페녹스)

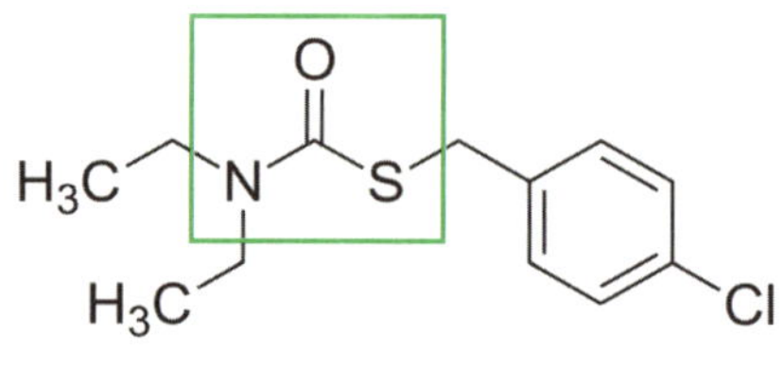

티오카바메이트계(티오벤카브)

13) **페녹시계** H04: 아릴옥시알킬산계 혹은 페녹시카르복실산계 등으로 불려지며, 옥신 호르몬형 제초작용제로 알려짐

예) 2,4-D, MCPA, 메코프로프 등

14) **벤조산계** H04: 페녹시계와 같이 옥신 교란작용을 나타내는 것으로 알려짐

예) 디캄바 등

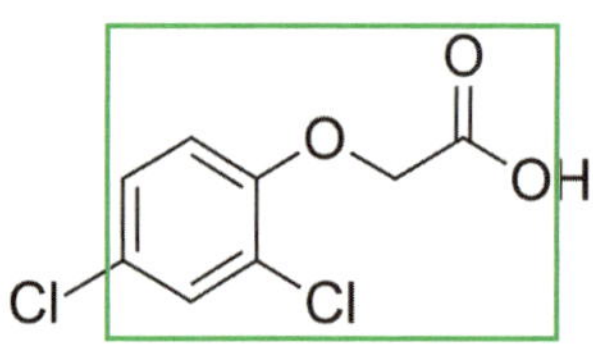

페녹시계(2,4-D)

벤조산계(디캄바)

핵심 내용 정리

✣ 농약의 사용목적에 따른 분류(방제대상 중심분류)

살충제–곤충강	살어제–어류	혼합제–2종 이상 혼합
살응애제–거미강 응애목	살균제–미생물(세균, 진균, 바이러스)	생물농약
살선충제–선충	살조류제–조류(藻類, algae)	보조제
살연체동물제–달팽이류	제초제–잡초, 잡목	
살조제–조류(鳥類)	식물생장조절제	

✣ 유효성분에 따른 분류(주요 작용기작)

살균제	살충제	제초제
벤지미다졸계 나1	카바메이트계 1a	트리아진계 H05
트리아졸계 사1	유기인계 1b	피라졸계 H27 H14
피리미딘계 사1	피레트린계 3a	디니트로아닐린계 H03
페닐아미드계 다2	유기염소계(신경계교란)	페닐요소계(우레아계) H05
아실알라닌계 가1	네오니코티노이드계 4a	설포닐요소계 H02
유기인계 바2	네레이스톡신계 14	비피리딜계 H22
모르포린계 아5	페닐피라졸계 2b	클로로아세타미드계 H15
옥사티인계 다2	아바멕틴계 6	페녹시프로판산계 H01
스트로빌루린계 다3	디아마이드계 28	사이클로헥산디온계 H01
디티오카바메이트계 카	로테논계 21b	인산아미노산계(아미노산생합성저해)
이미다졸계 사 다	벤조일요소계 15	디페닐에테르계 H14
항생물질계 라	디아실하이드라진계 18	티오카바메이트계 H15
기타	기타	페녹시계 H04
		벤조산계 H04
		기타

기출 및 예상문제

1. 기출

카복시아니라이드계 살균제로서 담자균류에 의한 병해에 효과가 뛰어난 약제는?

① 아이비(카타진) ② 베나솔(오리자)
③ 부라딘(금보라) ④ 메프로닐(논사)

2. 기출

디티오카바메이트기를 가지고 있는 농약은?

① 메틸브로마이드 ② 석회유황합제
③ 포리옥신 ④ 만코제브

3. 기출

다음 살충제 중 유기인제가 아닌 것은?

① 테트라디폰(테디온)
② 디디브이피(DDVP)
③ 파라치온
④ 파프(PAP)

4. 기출

다음 농약 중 살균제가 아닌 것은?

① mancozeb ② mepronil
③ thiram ④ parathion

5. 기출

Sulfonyl urea계 제초제가 아닌 것은?

① Bensulfuron ② Prometryn
③ Cinosulfuuron ④ Flazasulfuron

6.

절족동물문의 미세해충 중 머리, 가슴, 배의 구분이 없고, 연중 여러번 세대 교체하여 방제가 어려운 해충의 방제에 사용되는 농약은 무엇인가?

① 살충제 ② 살선충제
③ 살비제 ④ 살연체동물제

7.

다음의 방제대상과 농약의 사용목적에 대한 분류를 올바르게 짝지은 것은 무엇인가?

① 무궁화점무늬병-항바이러스제
② 솔수염하늘소-살비제
③ 소나무재선충-살선충제
④ 가시박-살초제

8.

살균제의 주요 유효성분계통과 성분이 아닌 것을 고르시오.

① 트리아진계-시마진
② 피리미딘계-페나리몰
③ 유기인계-톨클로르포스-메틸
④ 스트로빌루린계-아족시스트로빈

9.

살충제의 주요 유효성분계통과 성분이 올바르게 짝지어진 것을 고르시오.

① 유기인계-이프로벤포스
② 디아실하이드라진계-디메토모르프
③ 네오니코티노이드계-메소밀
④ 벤조일요소계-노발루론

10.

제초제의 주요 유효성분 계통이 아닌 것을 고르시오.

① 페녹시프로판산계 ② 벤조산계
③ 페닐요소계 ④ 디티오카바메이트계

11. 기출

스트로빌루린계 약제를 고르시오.

① 티아메톡삼 ② 크레속심메틸
③ 델타메트린 ④ 노발루론

12. 기출

농약의 사용 목적에 따른 분류가 아닌 것은?

① 살충제 ② 살균제
③ 제초제 ④ 유기인제

13. 기출

침투성 살충제에 관한 설명으로 옳지 않은 것은?

① 흡즙성 해충에 약효가 우수하다.
② 유효성분 원제의 물에 대한 용해도가 수 mg/L 이상이어야 한다.
③ 네오니코티노이드계 농약인 아세타미프리드, 티아메톡삼이 있다.
④ 보통 경엽처리제로 제형화하며, 토양에 처리하는 입제로는 적합하지 않다.
⑤ 흡수된 농약이 이동 중 분해되지 않도록 화학적, 생화학적 안정성이 요구된다.

14. 기출

천연 식물보호제가 아닌 것은?

① 비펜트린
② 지베렐린
③ 석회보르도액
④ 비티쿠르스타키
⑤ 코퍼하이드록사이드

15. 기출

보호살균제에 관한 설명으로 옳지 않은 것은?

① 정확한 발병 시점을 예측하기 어려우므로 약효 지속기간이 길어야 한다.
② 병 발생 전에 식물에 처리하여 병의 발생을 예방하기 위한 약제이다.
③ 식물의 표피조직과 결합하여 발아한 포자의 식물체 침입을 막아준다.
④ 발달 중의 균사 등에 대한 살균력이 낮아, 일단 발병하면 약효가 떨어진다.
⑤ 석회보르도액과 각종 수목의 탄저병 등 방제에 쓰이는 만코제브는 이에 해당한다.

16. 기출

벤조일 유레아(Benzoylurea)계 살충제에 대한 설명으로 옳지 않은 것은?

① 곤충과 포유동물 사이에 높은 선택성을 가진다.
② 곤충의 표피를 구성하는 키틴(Chitin) 합성 저해제 이다.
③ 유충단계에서 가해하는 나비목, 노린재목 방제에 사용된다.
④ 일부 약제에서 알의 비정상적인 탈피를 유도하여 살충효과를 나타낸다.
⑤ 이미다클로프리드, 아세타미프리드, 티아메톡삼 등의 약이 등록되어 있다.

17. 기출

살균제로 개발된 항생제 농약들에 관한 설명으로 옳지 않은 것은?

가 스트렙토마이신 나 가스가마이신 다 옥시테트라사이클린 라 바리다마이신

① 가, 나, 다는 단백질 합성과정을 저해한다.
② 가는 복숭아 세균구멍병과 같은 세균병에 효과를 나타낸다.
③ 나는 여러 가지 진균병의 예방제 및 치료제로 사용 된다.
④ 다는 대추나무 빗자루병 등 많은 파이토플라스마증 방제에 등록되어 있다.
⑤ 라는 잔디 갈색잎마름병에 연용하면 저항성이 출현하므로 주의해야 한다.

18. 기출

다음 중 제초제가 아닌 것은?

① 시마진 ② 헥사지논
③ 프로파닐 ④ 알라클로르
⑤ 말라티온

19. 기출

소나무 해충방제에 등록된 농약 중 응애 방제에 사용되는 것은?

① 페니트리온 유제
② 메탐소듐 액제
③ 아미트라즈 유제
④ 티아메톡삼 입상수화제
⑤ 아바멕틴·아세타미프리드 미탁제

20. 기출

소나무재선충병 방제에 사용되는 훈증제는?

① 메탐소듐
② 아바멕틴
③ 에마멕틴벤조에이트
③ 포스치아제이트
⑤ 베노밀

21. 기출

유기인계 살충제에 대한 설명 중 옳지 않은 것은?

① 살충력이 강하고 적용 해충의 범위가 넓다.
② 식물체 및 동물체 내에서 분해가 빠르고 체내에 축적되지 않는다.
③ 약제 살포 후 광선에 의한 소실 위험이 적다.
④ 약제의 잔효성이 짧다.
⑤ 사람과 가축에 대한 급성독성은 일반적으로 강하나 만성독성은 낮다.

22. 기출

살균제에 대한 설명 중 옳지 않은 것은?

① 보호살균제는 포자 발아를 저지하고 식물이 병원균에 대한 저항을 갖도록 한다.
② 사용 목적에 따라 종자소독제, 경엽처리제, 과실방부제, 토양소독제 등으로 구분한다.
③ 직접살균제는 병원균을 살멸시키는 살균 역할을 한다.
④ 비침투성 살균제는 잎 표면에 집적되어 접촉으로 균사를 죽인다.
⑤ 무기구리제는 경엽, 토양처리 또는 종자처리 등 직접살균제로 사용된다.

◆ 정답 및 해설: 171쪽

제3장 농약의 제제

꼭 알아두기!

- 농약 제제의 필요성을 이해하고 알아두어야 한다.
- 농약 제형의 종류와 특징을 알아두어야 한다.
- 농약 보조제의 성격과 역할을 이해해야 한다.

1. 농약의 제제

농약은 유효성분을 적절한 희석제로 희석하고 살포하기 쉬운 형태로 가공하고 있다. 이처럼 농약원제에 적당한 보조제를 첨가하여 완전한 제품의 형태로 만든 것을 제제(製劑, formulation)라 한다. 하나의 새로운 농약이 유효성분으로 개발되었다 하더라도 이를 실제로 현장에서 사용하기 위해서는 적합한 형태, 즉 제형(濟型, formulation type)으로 가공되어야 한다. 유효성분의 합성 산물인 원제는 대부분 직접 사용하기 어려운 형태이므로 적절한 보조제를 첨가하여 실용적으로 유통 및 살포 작업이 가능한 물리적 형태로 제제(製劑)되어야 한다.

✣ 제제과정의 목적

- 소량의 유효성분을 넓은 지역에 균일하게 살포
- 사용자의 편리성 증진
- 최적의 약효 발현
- 최소의 약해 발생
- 유효성분의 물리화학적 안정성 향상을 통한 유통기간 확보
- 살포자에 대한 노출 안전성 확보

✣ 살포 방법에 의한 농약 제형의 분류

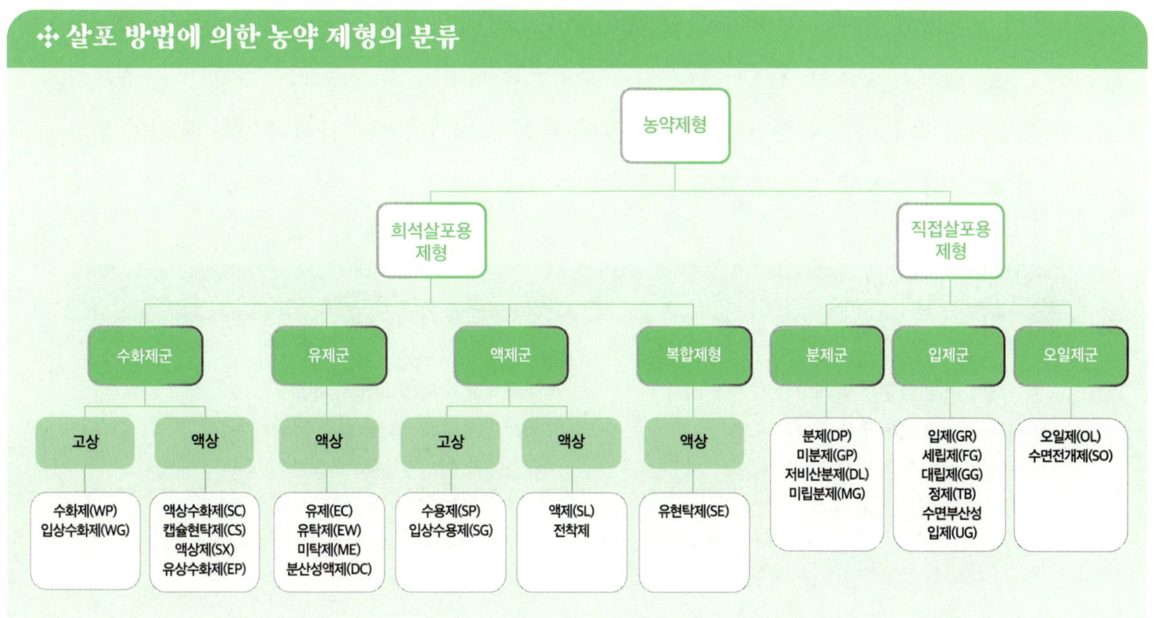

농약의 제제에는 최적의 제형화를 위하여 다양한 보조제가 사용되고 있으며, 농약의 유효성분 및 제형에 따라 제조 방법과 사용되는 보조제의 종류가 상이하다. 또한 동일한 유효성분을 함유하고 있다 하더라도 두 가지 이상의 제형으로 제제되는 것이 빈번하며, 제형에 따라서 약효, 약해 및 안전성 등의 특성이 크게 달라질 수 있다. 현재 사용되고 있는 제형별로 각각 장단점이 있으므로 방제하고자 하는 병해충, 작물의 종류, 영농 환경 및 시기 등을 고려하여 가장 알맞은 제형을 선택하여야 한다.

2. 희석살포용 제형

가 유제(乳劑, emulsifiable concentrate, EC)

농약 원제를 용제에 녹이고 계면활성제를 유화제로 첨가하여 제제한 것으로 다른 제형에 비하여 제제가 간단하다. 용제로는 석유계 용제(xylene 등), ketone 류, alcohol 류가 많이 이용된다. 계면활성제는 원제를 용제에 녹인 상태에서 주로 2종 이상의 계면활성제를 혼합하여 적절한 HLB 값의 계면활성제를 조합하여 사용한다.

유제의 물리성 중에서 가장 중요한 것은 유화성이며 일반적으로 살포용 약액을 조제한 후 2시간 정도가 경과한 후에도 안정성을 보이면 유화성이 좋은 것으로 평가한다. 유화성이 불량하면 유효성분의 분산이 고르지 않아 약효가 떨어지거나 약해 발생의 원인이 되기도 한다. 특히 극성이 높은 용제를 사용하였을 경우에는 유화성에 주의하여야 한다.

❖ 유제의 장점과 단점

장점	단점
• 수화제에 비해 살포용 약액의 조제가 편리 • 수화제에 비해 강우유실 우려가 적음 • 수화제에 비해 약흔 발생 우려가 낮음 • 타 제형에 비해 약효가 우수	• 수화제에 비해 생산비가 높음 • 액상제로 포장, 유통, 보관 경비가 높음 • 유증기로 인한 인화성 위험도가 높음

나 수화제(水和劑, wettable powder, WP)

원제가 액체인 경우, 흡유능이 높은 white carbon과 증량제(점토, 규조토 등)와 계면활성제를 가하여 혼합하고, 분말도가 44㎚ 이하가 되도록 작게 분쇄하여 만든다. 원제가 고체인 경우에는 white carbon을 첨가할 필요 없이 증량제와 계면활성제 등을 첨가하여 혼합, 분쇄한다.

수화제를 물에 희석하여 현탁 살포액을 조제할 때 입자가 크면 침강속도가 빨라져 살포액 중 유효성분의 농도가 불균일하게 되어 효력이 불균일할 뿐만 아니라 약해 발생의 원인이 되기도 하므로, 수화제의 물리성 중 입자의 크기와 현수성은 매우 중요하다. 살포액을 조제할 때 2차적으로 응집되어 입자가 커지는 경우 등 수화제 입자크기의 변화는 어떤 경우에도 농약으로서는 좋지 않다.

현수성은 살포액 조제 후 분산된 약제가 침전되지 않고 물 중에 분산되는 성질을 말하는 것으로 일반적으로 2분 이내의 것이 좋다.

❖ 수화제의 장점과 단점

장점	단점
• 고농도 제제가 가능 • 계면활성제 사용량 절감 • 계면활성제에 민감한 낙엽과수 사용 가능 • 용제 미사용으로 생산비 절감 • 고상제품으로 포장, 수송, 보관이 용이	• 살포액 조제시 칭량 불편 • 제품 개봉 및 살포액 조제시 비산으로 인한 작업자 중독 우려 • 살포 후 강우시 유실 우려 • 약흔 발생으로 과수 품질 저해 우려

다 액상수화제(液狀水和劑, suspension concentrate, SC)

물과 유기용매에 난용성인 원제를 액상의 형태로 조제한 것으로 수화제에서 분말의 비산 등의 단점을 보완하기 위하여 개발된 제형이다. 증량제로 물을 사용하여 습식분쇄기로 입자를 평균 1~3㎚ 크기로 분쇄한 후 액상의 보조제와 혼합하여 유효성분을 물에 현탁시킨 제제이다. 분진이 발생하지 않아 사용할 때 안전하고 수화제처럼 평량할 필요가 없다는 장점이 있다. 증량제로 물을 사용하였기 때문에 독성과 환경오염 측면에서도 유리하다. 농약입자의 크기가 미세하여 단위 무게당 입자수가 많고 표면적이 수화제보다 넓어 수화제와 비교해 약효가 우수하다. 그러나 제조공정이 까다롭고 자체 점성 때문에 농약 용기에 달라붙는 단점이 있다. 물에 현탁시킨 제제이므로 가수 분해에 대하여 안정한 유효성분만이 제제 대상이 된다.

라 입상수화제(粒狀水和劑, water dispersible granule, WG)

수화제 및 액상수화제의 단점을 보완하기 위하여 과립 형태로 제제한 수화제의 일종이다. 가루모양인 농약원제와 보조제를 공기압축 분쇄기로 미세하게 분쇄한 후 접착제를 이용하여 가비중이 높은 과립 형태로 조제하며, 분무 건조법, 유동층 조립법, 압출 조립법, 전동 조립법 등의 제조법이 사용된다. 농약원제 함량이 보통 50~95%로 높고 증량제 비율은 상대적으로 작다.

살포액을 조제할 때 물에 섞으면 수중낙하 하면서 팽윤과 확산이 빠르게 일어나 현탁 살포액이 형성된다. 수화제에 비하여 살포액 조제시 비산에 의한 중독 가능성이 낮고 액상수화제에 비하여 용기 내에 남아있는 농약의 양도 매우 적은 장점이 있지만, 생산설비에 대한 투자 비용은 높은 제형이다.

마 액제((液劑, soluble concentrate, SL)

원제가 수용성이며 가수분해의 우려가 없는 경우에 원제를 물 또는 메탄올(methanol)에 녹이고 계면활성제나 동결방지제(ethylene glycol 등)를 첨가하여 제제한 액상 제형이다. 원제의 용제를 물이나 메탄올을 사용하는 것 외에는 유제의 제제 방법과 동일하다. 살포액은 용액으로 투명한 상태가 된다. 액제는 저장 중 동결에 의하여 용기가 파손될 우려가 있으므로 겨울철에 저장할 때 주의하여야 한다.

바 유탁제(乳濁劑, emulsion, oil in water, EW) 및 미탁제(微濁劑, micro-emulsion, ME)

유탁제는 유제에 사용되는 유기용제를 줄이기 위해 개발하였다. 소량의 소수성 용매에 농약 원제를 용해하고 유화제를 사용하여 물에 유화시켜 제제한다. 이 경우 유화성이 우수한 유화제의 선발이 유탁제 개발에서 가장 중요한 요소이다.

미탁제는 유탁제의 기능을 더욱 개선한 제형으로 더 소량의 유기용제를 사용하며, 살포액을 조제하였을 때 외관상 투명한 상태가 된다. 분산입자의 크기가 매우 미세하고 표면장력이 낮아 유제나 유탁제에 비하여 약효가 우수하다.

사 분산성액제(分散性液劑, dispersible concentrate, DC)

물에 대한 친화성이 강한 특수용매를 사용하며 물에 용해되기 어려운 농약원제를 계면활성제와 함께 녹여 만든 제형으로, 살포용수에 희석하면 서로 분리되지 않고 미세입자로 수중에 분산되는 성질을 나타낸다. 액제와 특성은 비슷하나 고농도의 제제를 할 수 없다.

아 수용제(水溶劑, water soluble powder, SP)

수용성 고체 원제와 유안이나 망초, 설탕과 같이 수용성인 증량제를 혼합한 후 분쇄하여 만든 분말제제이다. 제제방법은 수화제와 동일하며 살포액을 조제하면 수화제와 달리 투명한 용액으로 된다. 액제에 비하여 취급, 수송 및 보관이 용이하나 수용성 고체 원제만을 그 제제 대상으로 하는 제한성이 있다. 살포액 조제시 수화제와 같이 분말의 비산이 발생하고 소요량을 평량해야 하는 단점이 있다. 또한 용해 상태가 불량하면 살포기 노즐이 막히는 경우도 있다.

자 캡슐현탁제(캡슐懸濁劑, capsule suspension, CS)

미세하게 분쇄한 농약원제의 입자에 고분자 물질을 얇은 막 형태로 피복하여 유탁제나 액상수화제와 비슷하게 현탁시켜 만든 제형이다. 유효성분의 방출제어가 가능하므로 약제의 효율이 높아 적은 유효성분 투하량으로도 약효가 우수하게 나타난다. 또한 약제 손실이 적고 독성 및 약해 경감효과가 있는 효율적 제형이지만 고도의 제제 기술이 필요하고 제조 비용이 비싼 단점이 있다.

❖ 기타 희석 살포형 제형

제형(영문)	영문 코드	설명
유탁성 입제 (Emulsifiable granule)	EG	물에서 붕괴되어 농약 유효성분이 oil in water(O/W)형 유탁액으로 살포되는 입제형 고상 제형
유탁제(W/O) (Emulsion, water in oil)	EO	유기성 용액에서 유효성분이 미세한 입자 형태로 분산되는 비균질성 액상 제형. 일반적인 유탁제(EW)와 달리 오일 용액내 물이 소량첨가된 유탁 제형
유상 수화제 (Emulsifiable powder)	EP	물에 희석시 붕괴되어 유효성분이 oil in water(O/W) 유탁액으로 살포되는 가루형 고상 제형
유탁성 젤(Emulsifiable gel)	GL	물에 희석시 유탁형 살포액으로 사용하는 젤리형 액상 제형
수용성 젤(Water soluble gel)	GW	물에 희석하여 수용액으로 살포하는 젤형 액상 제형
고상/액상 동봉제 (Combi–pack solid/liquid)	KK	탱크 믹서에 혼합하여 희석하기 위해 포장용기에 고상 및 액상 제형을 동봉하여 제작한 제형
액상/액상 동봉제 (Combi–pack liquid/liquid)	KL	탱크 믹서에 혼합하여 희석하기 위해 포장용기에 두가지의 액상 제형을 동봉하여 제작한 제형
오일 분산제(Oil dispersion)	OD	물과 혼합이 가능한 농약 유효성분의 현탁형 제형으로 물과 희석하여 사용하기 위하여 수용성 농약 유효성분을 함유하는 액상형 제형
오일 현탁제 (Oil miscible flowable concentrate, oil miscible suspension)	OF	유기용매에 희석하여 사용하는 액상 제형으로 유동액 형태의 농약유효성분 현탁액이 된다.
오일제(Oil miscible liquid)	OL	유기용매에 희석시 균질한 살포용액이 만들어 지는 액상 제형
오일 분산성 분제 (Oil dispersible powder)	OP	기름에 희석시 분산이 일어나 현탁액이 만들어 지는 가루형 고상 제형
직접살포 액상수화제 (Suspension concentrate for direct application)	SD	벼농사 등 직접 살포가 가능한 현탁형 액상 제형
유현탁제(Suspo–emulsion)	SE	수용액 상태에서 물과 섞이지 않는 미세한 입자와 농약성분이 고체입자 형태로 분산되어 있는 비균질 유동형 액상 제형
입상수용제 (Water soluble globule)	SG	물에 희석시 농약유효성분을 균질 용액 형태로 살포가 가능한 미세입자로 이루어진 액상 제형
액제(Soluble concentrate)	SL	물에 희석시 농약유효성분이 균질 용액 형태의 투명성 액상 제형
미량살포액제 (Ultra–low volume(ULV) liquid)	UL	미량살포기 사용에 적합한 액상형 용액제형
정제상수화제 (Water dispersible tablet)	WT	물에 희석시 붕괴되어 농약 유효성분이 분산되는 정제형 고상 제형

출처: Crop Life International Monograph No 2, 7th Edition, 2017.

3. 직접살포용 제형

가 입제(粒劑, granule, GR) 및 세립제(細粒濟, fine granule, FG)

입제는 농약 유효성분, 결합제, 붕괴제, 분산제, 증량제로 이루어진 입상의 제제로 살포할 때 바람에 날려 농약이 널리 퍼지는 것을 방지 할 수 있다. 입제의 크기는 8~60mesh이며 사용이 용이하고 저장 안전성이 우수하고 약해의 염려가 없는 장점이 있지만 제조공정이 복잡하고 가격이 비싸며 조류(鳥類)독성의 위험이 큰 단점이 있다. 원제의 특성 및 증량제의 종류에 따라서 제제 방법이 다음과 같이 구분된다.

✣ 입제 제형 제작법	
압출조립법	습식조립법이라고도 하며, 농약원제에 활석, 점토 등의 증량제와 PVA(polyvinyl alcohol), 전분과 같은 점결제 및 계면활성제와 같은 분산제를 균일하게 혼합하여 분쇄한 후에 물로 반죽을 만든다. 혼합물을 일정한 크기로 조립, 건조한 후 체(sieve)로 일정한 범위의 입자를 선별하여 제제한다. 압출조립법에 의한 제제과정에는 수분이 다량 함유되는 과정과 열풍 건조과정이 포함되므로 주로 원제가 가수분해나 열에 안정한 화합물에 한하여 적용한다.
흡착법	원제가 상온에서 액상인 농약에 응용하는 방법으로 bentonite와 vermiculite와 같은 고흡유가의 천연 점토광물을 분쇄하여 일정한 크기의 입자를 체로 선별하거나, 습식 조립법에 의하여 미리 조립한 입상물질에 액상의 원제를 분무하여 균일하게 흡착시켜 제제한다. 습식조립법보다 능률적으로 제제할 수 있는 장점이 있다.
피복법	규사, 탄산석회, 모래 등 비흡유성의 입상 담체 표면에 액상의 원제를 피복시켜 제제하는 방법이다. 또한 원제가 고체인 경우에는 원제를 곱게 분쇄하여 점결제와 함께 담체 표면에 피복시킨다. 원제가 액체인 경우 농도가 높으면 입자 상호간에 응집하는 경우가 있으므로 이를 방지하기 위하여 흡유성의 고운 분말을 다시 분의하는 방법도 있다. 이 방법은 제제가 능률적이고 경제성이 높으나 고농도의 제제가 어려운 단점이 있다.

입제의 모양은 제조 방법 및 사용 증량제의 종류에 따라 구형, 절편형, 압출형, 무정형 등으로 다양하다. 입경에 대한 특정한 규격은 없으나 대략 0.5~2.5mm 정도의 크기이다. 입제의 중요한 물리성 중 하나는 경도인데 제품의 수송이나 사용 중에 분쇄되어 분상이 되지 않도록 경도가 높아야 한다. 또한 논에 사용하는 습식조립법으로 만든 입제의 경우

입자의 수중 붕괴성이 유효성분의 방출 속도와 관련되어 있어 약효를 좌우하는 중요한 특성이 된다.

물에 난용성인 약제는 빠른 수중 붕괴에 의해 유효성분의 방출을 신속하게 함과 동시에 분산에 의해 처리층의 면적을 확대시킬 수 있어야 우수한 약효를 기대할 수 있다. 입제의 제제시에는 시비 등에 의해서 물의 경도가 일시적으로 높아지는 경우도 고려되어야 하며, 저장 중 제품이 굳는 것도 방지할 수 있어야 한다.

✣ 입제의 장점과 단점

장점	단점
• 사용의 편리성 • 표류비산 우려가 낮음 • 작업자 노출 안전성 높음	• 약제의 작물 침투성 제한 • 분제에 비해 균일한 살포 어려움 • 동일면적 대비 많은 유효성분 살포량 및 이로 인한 토양오염 우려

세립제는 입제보다 알갱이가 다소 작아 단위면적당 농약 살포량을 줄일 수 있는 장점이 있다. 분류 방법상 입제에 포함되는 제형으로 제조 방법 및 그 특성이 입제와 동일하다.

나 분제(粉劑, dust, dispersible powder, DP)

분제는 원제를 다량의 증량제와 물리성 개량제, 분해 방지제 등과 균일하게 혼합하고 분쇄하여 제제한 것으로, 유효성분의 함량이 1~5% 정도로 대부분이 증량제이다. 따라서 분제의 품질은 증량제의 이화학적 성질에 크게 영향을 받으며, 증량제는 원제에 대하여 화학적으로 안정하고 물리적 성질이 양호함과 동시에 경제적으로 값이 싸야 한다.

원제가 액체인 경우에는 흡유가가 높은 white carbon이나 규조토에 원제를 흡착시켜 제제한다. 분제의 물리성 중 중요한 것은 분말도, 토분성 및 분산성이며, 입도는 62㎚ 이하로 평균 입경은 10㎚ 전후로서 2~20㎚의 입자가 대부분이며, 10㎚ 이하의 입자가 50% 이상이다. 살포된 분제 입자의 일부는 대기 중에서 응집되어 단립화하기도 하나 대부분 10㎚ 이하의 입자가 많다.

❖ 분제의 장점과 단점

장점	단점
• 직접살포 제형으로 사용이 편리 • 분제살포기 사용으로 살포가 쉬움	• 액상 살포제에 비해 고착성 불량 • 단위 면적당 투하량이 많음 • 표류비산에 의한 농약손실 및 환경오염 우려가 높음

다 수면부상성입제(水面浮上性粒劑, water floating granule, UG)

압출조립법과 흡착법을 응용 조합하여 만든 입제 제형이나 그 작용 특성이 일반 입제와는 다소 차이가 있다. 제제 방법은 먼저, 수용성이면서 비중이 큰 증량제와 고분자 접착제 등을 분쇄하여 혼합한 후 물로 반죽하여 압출조립법으로 입제 형태의 담체를 만든다. 농약원제와 확산제를 용제에 용해하고 흡착법으로 원제를 이 담체에 흡착시켜 제제한다.

담수된 논에 살포하면 증량제의 큰 비중으로 인하여 일단 가라앉은 후 증량제가 물에 용해됨에 따라 비중이 감소하여 수면으로 부상하고, 확산제의 작용에 의하여 수면에 유상의 약제층이 형성된다. 일반 입제와는 달리 불균일하게 살포하여도 수면에 균일하게 확산되기 때문에 살포작업이 용이하지만, 바람과 논 조류 등의 발생 시에는 확산층 형성이 다소 불량한 단점이 있다. 우리나라에서는 수도용 제초제에 사용하는 제형으로 등록되어 있다.

라 수면전개제(水面展開劑, spreading oil, SO)

수면전개제는 살포 작업의 편이성을 고려하여 제조된 제형으로 비수용성 용제에 원제를 녹이고 수면 확산제를 첨가하고 혼합하여 만든 액상 형태의 제형이다. 담수된 논에 일정한 간격으로 약제를 처리하면 빠르게 확산되어 수면부상성입제와 마찬가지로 수면에 균일한 처리층을 형성하므로 살포 작업이 매우 용이하다. 그러나 바람과 논조류 등의 발생 시 수면부상성입제보다 확산층 형성이 불량한 단점이 있고 이에 따라 약해 발생의 우려가 있다.

마 오일제(oil miscible liquid, OL)

오일제는 농약을 기름에 용해하고 살포시 유기용제에 희석하여 살포할 수 있도록 고안된 제형이다. 물로 희석할 수 없는 경우와 같이 특수한 목적으로 사용하며, 원액을 직접 살포할 수도 있다.

바 미분제(微粉劑, flo-dust, GP)

미분제는 분제의 단점인 비산성을 이용한 제형으로 입도를 더욱 작게 하여 비산성을 높이므로써 시설하우스와 같은 밀폐된 공간에 확산시킬 수 있도록 고안된 제형이다. 평균 입경은 5.5㎚ 이하이다. 살포 작업은 시설하우스 입구의 고정된 지점에서 고성능 동력살포기를 사용, 하우스 안쪽 방향으로 살포하며, 비산된 작은 입자는 높은 비산성에 의하여 하우스 전체에 균일하게 확산되므로 살포자에게 안전하다. 다만, 살포 후 진입 전 반드시 환기하여 작업자 노출 안전을 확보해야 한다.

사 미립분제(微粒粉劑, microgranule, MG)

미립분제의 제제는 입제의 제제방법과 같으나 입자의 크기가 일반적으로 입제보다 작아 62~210㎚ 범위이다. 미립분제는 입제와 분제의 단점을 개선한 새로운 제형이다.

❖ 미립분재의 장점과 단점

장점	단점
• 약제의 표류비산 우려가 낮음 • 살포의 용이성 • 벼 생육후기에 하부 발생 병해충 방제에 효율적	• 입도 크기 분포범위가 좁아 증량제 선택이 제한 • 입제에 비해 상대적으로 제제비가 높음

아 저비산분제(低飛散粉劑, driftless dust, DL)

저비산분제는 분제의 일종이나 10㎚ 이하의 미세한 입자 분포를 최소화한 중량제와 응집제를 사용함으로써 약제의 표류와 비산을 경감하도록 개발된 제형으로 가비중이 분제보다 높아 일반 분제와 구별하여 저비산분제라 한다. 저비산분제는 평균 입도가 20㎚~30㎚로서 대부분의 농약 유효성분을 제제화 할 수 있다. 저비산분제는 제제면에서 분제의 제제시설을 그대로 사용할 수 있을 뿐만 아니라 살포장비도 분제용 살포기를 사용할 수 있다.

자 캡슐제(encapsulated granule, CG)

농약 원제를 고분자 물질로 피복하여 고형으로 만들거나 캡슐 내에 농약을 주입하여 제조한 제형이다. 유효성분의 방출제어(controlled release) 기능을 가지고 있으므로 약제의 효율성을 크게 향상시킬 수 있는 장점이 있으나 제조단가가 높아 주로 특수 방제 목적으로 사용된다.

4. 특수제형 및 기타

가 도포제(塗布劑, paste)

농약을 점성이 큰 액상으로 제조하여 붓 등을 사용하여 병반이나 상처 부위에 직접 바르도록 고안된 제형이다. 건조 후 피막을 형성하도록 고분자 막형성제를 첨가하여 제조하기도 한다. 국내에서는 과수의 사과 부란병, 감귤 수지병 방제와 배의 과실 비대 및 숙기촉진 생장조정제로 사용된다.

나 과립훈연제(顆粒燻煙劑, smoke pellet, FW) 및 훈연제(燻煙劑, smoke generator, FU)

농약원제에 발연제(nitrocellulose 등), 방염제 등을 혼합하고 기타 보조제 및 증량제를 첨가하여 제조한 제형이다. 분말 형태, 압축 블록 형태, 캔에 넣은 형태 등 그 모양이 용도에 따라 다양하게 제조된다. 과립훈연제는 압출 조립에 의한 입상의 과립제 형태이다. 훈연제는 시설하우스 등 밀폐된 공간에서만 사용되는 제형으로 하우스 내에 일정간격으로 약제를 배치한 후 연소제인 심지에 점화함으로써 작업이 완료되므로 노동력 절감 효과가 탁월하다. 유효성분은 연기와 함께 상부로 퍼진 후 하강하면서 작물체에 균일하게 도달한다. 약제 처리시간이 매우 짧고 작업자에 안전하며 살포의 균일성으로 일반 살포용 제제에 비하여 적은 약량으로도 약효가 충분히 발현되는 장점이 있다. 그러나 열에 안정하고 어느 정도 휘발성을 가진 유효성분만을 제제 대상으로 한다는 단점이 있다.

다 훈증제(燻蒸劑, gas, GA)

훈증제는 증기압이 높은 농약의 원제를 액상, 고상 또는 압축가스상으로 용기 내에 충진한 것으로 용기를 열 때 유효성분이 대기 중으로 기화하여 병해충을 방제하도록 설계된 제형이다. 주로 밀폐된 장소에서의 저장곡물 소독용이나 작물재배지의 토양소독용으로 사용된다. 제제 대상 유효성분은 일정한 시간 내에 살균 또는 살충시킬 수 있는 농도에 도달하도록 휘발성이 커야 하고 비인화성이어야 하며, 훈증할 목적물에 이화학적 또는 생물학적 변화를 주지 않는 약제로 한정된다. 대개 인축에 대한 독성이 강한 약제들이므로 사용할 때 주의하여야 한다.

라 연무제(煙霧劑, aerosol, AE)

불활성 압축가스로 충진한 가정용 스프레이통에 넣어 분사하거나 연무발생기(fog machine) 등을 이용, 고압이나 열을 가하여 분무하도록 제제된다. 연무제의 경우 농약 유효성분이 매우 낮은 것이 특징이며 안개와 같은 미세한 입자가 살포되기 때문에 다른 작물로의 비산과 살포자의 흡입 위험성이 있으므로 별도의 농약 살포자 보호 장구가 필요하다. 가격이 비싸므로 부가가치가 높은 농약의 소량살포에만 적용된다. 주로 가정 원예용으로 사용하며 비식용 작물이 재배 중인 시설하우스에는 적용할 수 있다.

마 정제(錠劑, tablet, TB)

특수한 목적으로 소량 투입되는 농약을 대상으로 제조한다. 의약품에서의 정제와 유사한 기술을 이용하여 젖은 슬러리(slurry)나 건조 분말 또는 입상물 형태를 압축하여 제조하는데, 제조 비용이 높은 단점이 있으며, 단단한 형태로 생산되나 물에 투하되면 쉽게 풀어지는 특성을 가지고 있다.

바 미량살포액제(微量撒布液劑, ultra-low volume liquid, UL)

매우 농축된 상태의 액체 제형으로 항공 방제에 사용되는 특수제형이다. 항공기 탑재량을 줄이기 위하여 원제의 용해도에 따라 액체나 고체 상태의 원제를 소량의 기름이나 물에 녹인 형태이며, 원액을 그대로 사용하는 경우도 있다. 안개와 같이 매우 미세한 입자 형태로 살포되는 유효성분의 함량이 높은 제형이므로 균일한 살포를 위하여 정전기 살포법(electrostatic application)과 같은 특수한 살포 기술이 필요하다.

사 독먹이(독미끼, bait concentrate, CB, block bait, BB)

주로 살서제나 살연체동물제(molluscicide)를 위한 제형이다. 동물이나 곤충을 유인하는 먹이에 원제를 혼합하여 제제하며, 제형에 포함되는 농약 원제 유효성분의 함량은 5% 이하이다.

5. 종자처리용 제형

가 종자처리수화제(種子處理水和劑, water dispersible powder for seed treatment, WS)

종자에 대한 약제 부착성을 향상시킨 수화제로 일명 수화성 분의제라고도 하며, 제조방법은 일반 수화제와 거의 동일하다. 벼 직파용과 육묘상용 종자 모두에 피복하여 사용할 수 있다. 마른 종자에 사용할 때에는 소량의 물에 현탁시켜 사용한다. 주로 병해충 예방용 약제를 대상으로 하며 기존 약제에 비하여 종자처리 효율이 높은 장점이 있다. 처리 특성상 약제 손실이 아주 적어 환경오염을 최소화 할 수 있으며 농약중독의 염려도 거의 없다.

나 종자처리 액상수화제(種子處理液狀水和劑, flowable concentrate for seed treatment, FS)

액상수화제 형태로 종자처리수화제 특성과 비슷하거나 액상인 점이 다르다. 마른 종자에 그대로 사용할 수 있으며, 물에 희석하여 사용할 수도 있다.

다 분의제(粉依劑, powder for seed treatment, DS)

일반 수화제 제형으로 분상(粉狀) 그대로 종자에 분의 처리하는 것이 일반적이나 살포용 수화제처럼 물에 희석할 수도 있다.

✣ 기타 직접살포형 및 특수 제형

제형(영문)	영문 코드	설명
직접살포액제(Any other liquid)	AL	희석하지 않고 직접 사용 가능한 액상 제형
직접살포분제(Any other powder)	AP	희석하지 않고 직접 사용 가능한 가루 제형
블록제형(Briquette)	BR	농약유효 성분이 물에 천천히 녹게 만들어진 블록형 고상 제형
접촉분제(Contact powder)	CP	쥐약이나 살충제로 사용하는 직접 살포형 분제 트래킹 분제(tracking powder, TP)로 알려져 있음
종자처리분제 (powder for dry seedtreatment)	DS	건조 상태의 종자에 직접 살포하는 가루형 고상 제형
직접살포정제 (tablet for direct application)	DT	살포용 용액이나 분산 용액으로 처리하기 위하여 물에 희석하지 않고 포장이나 수중에 직접 살포하는 정제형 고상 제형
종자처리 유탁제 (Emulsion for seed treatment)	ES	직접 또는 희석하여 종자에 처리하는 유탁형 액상 제형
유탁제(O/W) (Emulsion, oil in water)	EW	연속성 수용액에서 미세한 입자 형태로 분산되는 유기용액 형태의 액상 제형
막대형 발생기 (Gel for direct application)	GD	희석하지 않고 살포가 가능한 젤리형 액상 제형
판상 훈증제 (Gas generating product)	GE	화학반응에 의해서 가스가 발생하는 고상 제형
수지(Grease)	GS	기름이나 지방으로 만들어진 높은 점성질의 액상 제형
고온 분무형 제형 (Hot fogging concentrate)	HN	직접 또는 희석한 용액으로 고온의 안개살포기를 사용하여 살포하기에 적합한 제형
저온 분무형 제형 (Cold fogging concentrate)	KN	직접 또는 희석한 용액으로 저온의 안개살포기를 사용하여 살포하기에 적합한 제형
장기 효과 포장제 (Long–lasting storage bag)	LB	직접 살포가 가능하고 방출 조절이 가능한 포장 형태
장기 효과 살충 그물제 (Long–lasting insecticidal net)	LN	그물망 형태의 방출 조절형 제형으로 대형 그물망 또는 생활형 그물채를 말한다
종자처리 액제 (Solution for seed treatment)	LS	직접 또는 희석하여 사용가능한 종자처리용 투명 용액형 액상 제형
모기향(Mosquito coil)	MC	불꽃없이 연소하면서 증기나 연기 형태로 제한된 대기에 농약 유효성분을 방출하는 코일형 고상 제형
매질 방출제(Matrix Release)	MR	고분자 폴리머로 만들어져 장기간 약효 방출이 가능한 고상 제형. 직접 살포가 가능
식물 막대 제형(Plant rodlet)	PR	길이가 센티미터이고 지름이 밀리미터 크기인 작은 막대기 모양의 고상 제형
독미끼(Bait, ready for use)	RB	대상 병해충을 유인하고 섭식하게 유도하는 제형

제형(영문)	영문 코드	설명
직접살포 액상 수화제 (Suspension concentrate for direct application)	SD	벼농사 등 직접 살포가 가능한 현탁형 액상 제형
미량살포현탁제 (Ultra-low volume(ULV) suspension)	SU	미량살포기기에 적합한 액상형 현탁 제형
휘발제(Vapour releasing product)	VP	농약 유효성분을 공기로 휘발시키는 제형으로 적절한 제형과 휘발기를 이용하여 휘발 정도를 조절
기타 제형(Others)	XX	언급되지 않는 기타 제형

출처: Crop Life International Monograph No 2, 7th Edition, 2017.

❖ 우리나라의 농약제형별 물리성 판정기준

검사항목	대상 농약(원료)	판정 기준
유화성	유제, 분상유제, 유탁제, 미탁제, 유상수화제	유화하였을 때 유상물 또는 응고물이 없고 균일하여야 함
수용성	액제, 수용제, 석회유황합제, 입상수용제	수용하였을 때 완전히 녹아야 함
수화성	(액상,입상)수화제, 수화성미분제, 종자처리(액상)수화제, 정제상수화제, 유상수화제	수화하였을 때 현탁액이 균일하여야 함
분말도(입도)	(액상)수화제, 유상수화제	325메쉬에서 98% 이상 통과하여야 함 (미생물농약의 경우 90% 이상 통과하여야함)
	분제, 분의제	250메쉬에서 98% 이상 통과하여야 함
	(수화성)미분제	325메쉬에서 99% 이상 통과하여야 하고, 평균입경이 5.5마이크론이하이어야 함
	미립제	150메쉬에서 90% 이상 통과하여야 하고, 10마이크론 이하가 15%이하이어야 함
	저비산분제	250메쉬에서 95% 이상 통과하여야 하고, 10마이크론이하가 25% 이하이어야 함
	캡슐현탁제	200메쉬에서 98% 이상 통과하여야 함
	카보입제	80메쉬에서 0.5% 이하 통과하여야 함
	액상제	325메쉬에서 90% 이상 통과하여야 함
	유상현탁제	325메쉬에서 90% 이상 통과하여야 함
표면장력	전착제	15℃에서 40dyne/cm 이하이어야 함
발연성	훈연제	꺼지지 않고 완전히 발연되어야 함

검사항목	대상 농약(원료)	판정기준
가비중	미립제	0.75 이상이어야 함
	저비산분제	0.7 이상 1.1 이하이어야 함
	(수화성)미분제	0.20 이하이어야 함
분산성	(수화성)미분제	60 이상이어야 함
수중분산성	분산성액제	수중 분산하였을 때 분산입자가 균일하여야 함
수분	미립제	3% 이하이어야 함
필름 두께	농약함유비닐멀칭제	0.03mm 이상이어야 함
확산성	대립제	입자가 물표면에 부유 확산되어야 함

출처: 농촌진흥청, 『농약 등록기준과 방법』

6. 농약 보조제

각종 형태의 제형을 제조할 때 첨가되는 물질과 자체만으로는 농약으로서의 약효가 없거나 미미하지만 농약의 특성을 개선시킬 목적으로 사용하는 물질들을 총칭하여 농약 보조제(補助劑, adjuvant, supplemental agent)라 한다. 농약 유효성분 및 제형의 이화학적 특성을 향상 또는 개선시키기 위한 각종 첨가제와 유효성분의 생물학적 약효를 상승시키기 위하여 사용하는 협력제 등도 포함되며, 대개 그 자체는 직접적 효과가 없는 것이 일반적이다.

가 유기용제(有機溶劑, solvent)

유제나 액제와 같이 액상의 농약을 제조할 때 원제를 녹이기 위하여 사용하는 용매이다. 물에 잘 녹지 않는 유효성분을 대상으로 한 유제용 용제로는 용해도 특성에 따라 각종 유기용매가 사용되며 액제의 경우에는 물이나 methanol이 용제로 사용된다. 가장 일반적으로는 유제, 유탁제, 미탁제, 액제, 액상수화제 등의 용제 및 희석제로서 사용되며, 그 외에 원제를 분제, 입제, 수화제, 과립수화제 등의 고형제로 제제할 때의 용제나 희석제, 액상수화제의 동결방지제로 이용된다.

✣ 주요 용제의 종류

탄화수소계	• **방향족 용제**: Xylene, Alkyl(C9~C10)benzene, Alkyl naphthalene, 고비점의 방향족 탄화 수소 등 • **지방족 용제**: n-Paraffin, Isoparaffin, Naphthane • **혼합 용제**: Kerosin, Kerosin에 의해 제조된 용제 • **Machine유**: 정제된 고비점의 지방족 탄화수소
기타	• **Alcohol 류**: Ethanol, Isopropanol, Cyclohexanol • **다중 alcohol 류**: Ehylene glycol, Diethylene glycol, Propylene glycol, Hexylene glycol, Polyethylene glycol, Polypropylene glycol • **다중 alcohol의 유도체**: Propylene계 glycol ether • **Ketone 류**: Cyclohexanone, γ-Butyrolactone • **Ester 류**: 지방산 methyl ester, 이염기산 methyl ester, 호박산 dimethyl ester, Glutamic acid dimethyl ester, Azibinic acid dimethyl ester • **질소 함유**: n-Alkylpyrollidone • **유지류**: 대두유, 채종유

나 계면활성제(surface-active agent, surfactant)

계면활성제는 같은 분자내에서 친유성기(親油性基)와 친수성기(親水性基)를 가져, 기체/액체, 액체/액체, 액체/고체 등의 성상에서 서로 섞이지 않는 유기물질층과 물층으로 이루어진 두 층계(biphasic system)에 첨가하였을 경우의 계면에 흡착하여 계면의 성질을 현저히 변화시키는 물질로서 계면활성을 나타내는 물질을 총칭하는 것으로 확전, 유화, 분산, 가용화, 기포, 세정 등의 작용이 있고 농약 제제뿐만 아니라 우리의 일상 생활과도 밀접한 관계가 있는 물질이다. 농약 제제에서는 유화제(emulsifier), 분산제(dispersing agent), 전착제(spreader), 가용화제(solubilizer) 등의 용도로 사용되고 있으며 농약 제품의 물리적 특성을 좌우하는 중요한 역할을 한다.

1) 계면활성제의 구조 및 종류

계면활성제는 친유성기 원자단(hydrophobic group, lipophilic group)과 친수성 원자단(hydrophilic group)을 동일 분자 내에 갖고 있는 화학구조가 특징적이다. 친유성기 원자단은 alkyl, alkyl aryl 구조가 많고 특수한 예로서 친유성기 원자단에 propylene oxide의 중합물이 이용되기도 한다. 친수성 원자단은 수용액 중에 이온화되어 생성되는 이온에 따라서 다음과

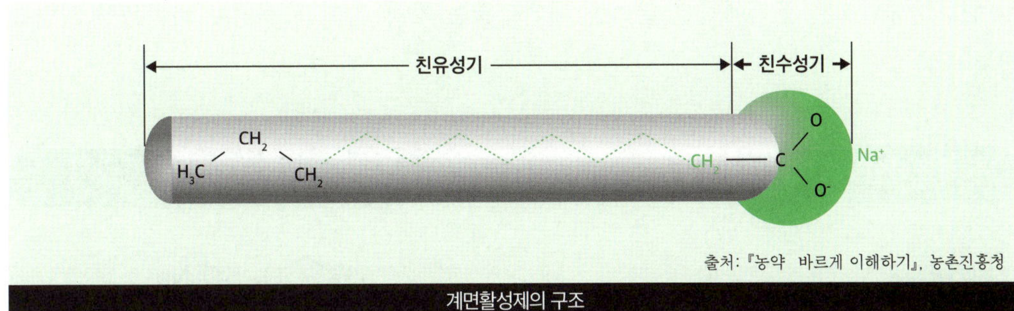

계면활성제의 구조

같이 구분하며 계면활성제의 종류는 친수성기 이온화 특성에 따라서 분류한다. 또한 직접 해리 하지는 않으나 분자 내에 반복적인 극성 공유결합의 존재로 친유성기와 친수성기가 내재되어 있는 비이온성 계면활성제가 있다.

① 음이온 계면활성제(anionic surfactant)

수중에서 이온화하여 모화합물이 음이온으로 되는 형태의 계면활성제이다. 음이온형태의 모화합물은 Na나 K와 같은 양성 금속 성분과 염의 형태로 결합하여 계면활성제의 역할을 하는데 그의 종류로는 카복실산염(-COOM), 황산에스테르염($-OSO_3M$), 설폰산염($-SO_3M$), 인산에스테르염($-OPO_3M_2$) 등이 있다.

② 양이온 계면활성제(cationic surfactant)

양이온성 계면활성제는 수중에서 이온 해리할 때 친유성기가 붙어있는 부분이 양이온으로 되는 계면활성제로 역성비누(invert soap) 또는 양성비누라고 부르며 원제의 용해나 효력 촉진에 효과적인 제4급 암모니아염이 있다.

③ 비이온 계면활성제(nonionic surfactant)

이온화되지 않으나 분자 내에 소수 및 친수기를 갖고 있는 형태의 계면활성제이다. 비이온성 계면활성제의 친수성기의 역할은 주로 ether 결합의 산소와 알코올성의 수산기로서 일반적으로 폴리에테르(polyether) 또는 폴리알콜(polyalcohol)형으로 친수성을 나타낸다. 친수기로서 에틸렌 옥사이드(ethlyene oxide)를 함유한 폴리에텔렌 글리콜(polyethylene glycol)은 에틸렌옥사이드의 첨가 몰(mole) 수를 조절함에 따라 다양한 계면활성제를 얻을 수 있기 때문에 농약제제에서 중요한 계면활성제이다. 폴리에텔렌 글리콜 유도체 중 고급 알코올, 알킬페놀(alkyl phenol), 알킬 나프톨(alkyl naphthol) 등을 친유성 원료로 하여 여기에 에틸렌 옥사이드를 중합시킨 폴리에텔렌 글리콜 에테르류는 가장 많이 사용되는 비이온성 계면활성제이다.

❖ 대표적인 계면활성제의 종류

구분		
음이온 계면활성제	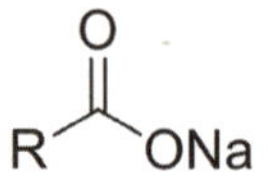 $R-C(=O)-ONa$	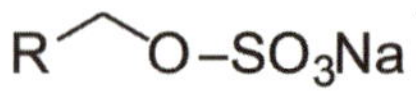 $R-CH_2-O-SO_3Na$
	카르복실산염	SDS(sodium dodecyl sulfonate)
양이온 계면활성제	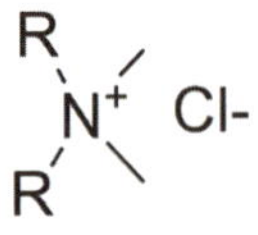 $R_2N^+(-)_2\ Cl^-$	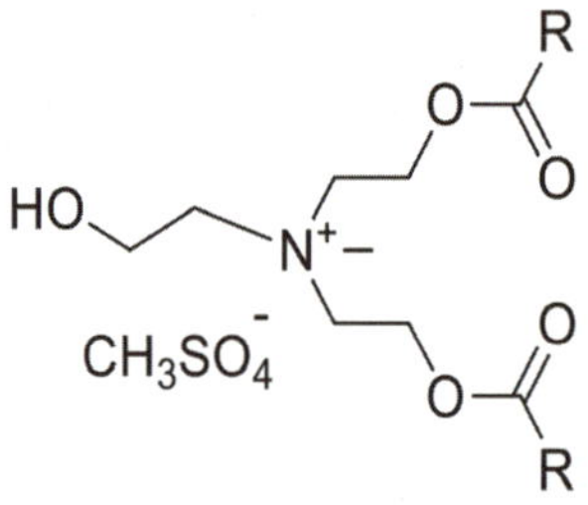 $HO-CH_2CH_2-N^+(-)(CH_2CH_2-O-C(=O)R)_2\ CH_3SO_4^-$
	4급 암모늄염	4급 암모늄 에스테르류
비이온 계면활성제	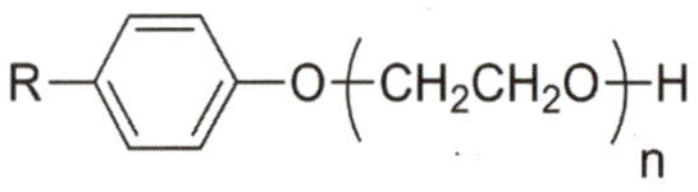 $R-C_6H_4-O-(CH_2CH_2O)_n-H$	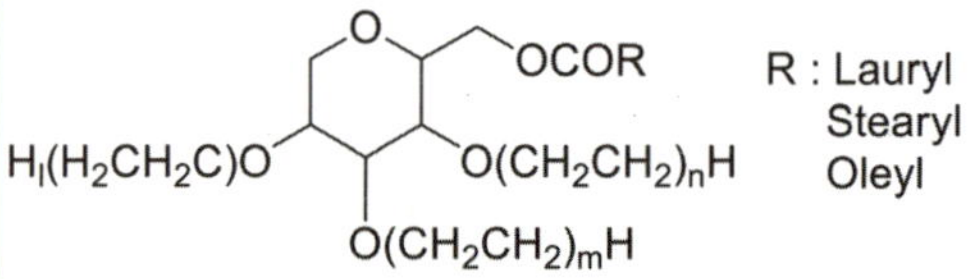 $H_l(H_2CH_2C)O$, $O(CH_2CH_2)_nH$, $O(CH_2CH_2)_mH$, OCOR R : Lauryl, Stearyl, Oleyl
	폴리옥시에틸렌 알킬페닐류	폴리옥시에틸렌 솔비탄류

이들 폴리에텔렌 글리콜 에테르, 폴리에텔렌 글리콜-알킬알릴에테르(alkylaryl ether)는 농약용 유화제, 전착제 뿐만 아니라 일반용 유화제, 침투제, 세제로 널리 사용되고 있다. 이들 계면활성제는 계면활성이 우수할 뿐만 아니라 유기농약, 용제, 다른 계면활성제와의 혼합이 용이하고 활성제 자체도 매우 안정하다. 폴리알콜(Polyalcohol) 유도체로서 널리 사용되고 있는 것은 지방산과 sorbitan의 부분 에스테르(ester) 및 에틸렌 옥사이드 중합물이다. Sorbitan과 지방산의 부분 ester는 "Span"으로 잘 알려져 있으며, 친수성을 높이기 위하여 에틸렌 옥사이드를 축합시킨 "Tween"도 잘 알려져 있다. 그 외 당(糖)도 비이온성 계면활성제로 사용되어 최근에 개발된 서당(庶糖)의 지방산 에스테르(fatty acid ester)는 독성이 없으므로 식품의 첨가물로 이용된다.

④ 양성 계면활성제(Ampholytic surfactant)

수용액 중에서 양이온 및 음이온으로 동시에 이온화되는 계면활성제로 음이온 원자단으로는 카르복실산(carboxylic acid), 설포닉산(sulfonic acid) 등이고 양이온 원자단으로서는 아민 또는 암모늄 등을 가지는 것이 많다.

2) 계면활성제의 HLB

계면활성제로서의 기능을 나타내기 위해서는 계면활성제 분자 내의 친유성기와 친수성기는 적절하게 균형비를 나타내어야 한다. 이러한 계면활성에 대한 척도로는 친수-친유 균형비(hydrophilic-lipophilic balance, HLB)가 가장 많이 사용되는데 농약의 유효성분, 함량, 사용용수 등에 따라 동일한 계면활성제라도 그 계면활성 정도가 변화하므로 실용적으로는 친수성/친유성기 비율이 다른 몇 가지 계면활성제를 서로 혼합하여 최적의 균형치가 얻어지도록 실험적 방법을 사용한다.

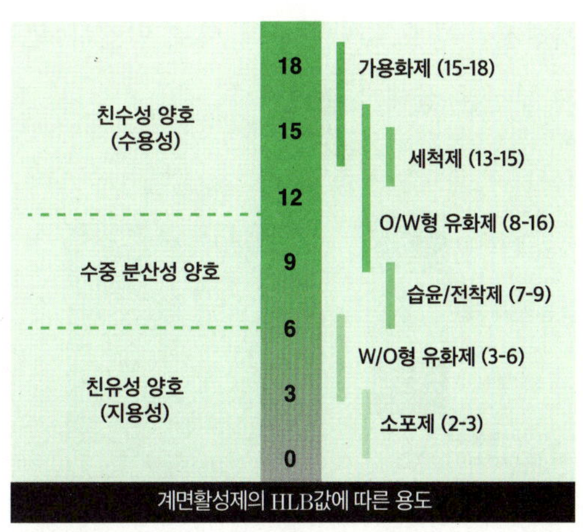

계면활성제의 HLB값에 따른 용도

비이온계 계면활성제에 주로 이용하며 범위는 0~20이다. 아래의 그림에서 보는 것과 같이 HLB 값에 따라서 계면활성제의 용도가 달라지므로 계면활성제의 HLB 값을 아는 것은 매우 중요하다.

Ethylene oxide(EO) 비율에 따른 HLB 산출

$$\frac{\text{비이온 계면활성제분자량 중 EO무게 비율\%}}{5} = \text{HLB값}$$

분자량에 의한 HLB 산출

$$\text{HLB} = 7 + 11.7 \log (\text{Mw/Mo})$$

Mw = 친수성 부분의 분자량 Mo = 소수성 부분의 분자량

3) 계면활성제의 작용

농약제제시 계면활성제를 보조제로 첨가하는 가장 큰 목적은 물에 잘 녹지 않는 농약 유효성분을 살포용수에 잘 분산시켜 균일한 살포작업이 가능토록 하는 데 있다. 계면활성제를 적절히 사용할 경우 수화제와 같은 고체 제형의 경우는 현탁액, 유제와 같은 액체 제형의 경우는 유화액 상태로 살포액 중에 균일하게 분산된다. 즉 분산매가 되는 물과 분산질인 유분(油紛, 농약)과의 계면에 계면활성제인 유화제가 분산매와 분산질의 계면장력을 저하시켜 줌으로써 유분이 서로 인접하여도 결합되지 않고 오랫동안 분산매 중에 균일하게 분산된 상태로 존재한다.

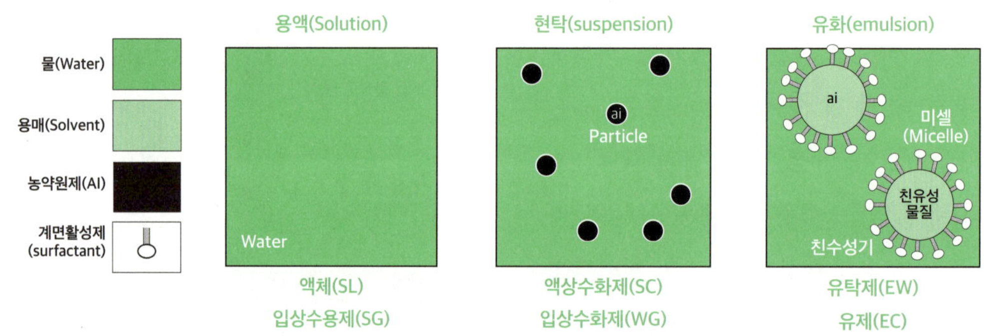

다 전착제(Spreader)

전착제는 농약 살포액 조제시 첨가하여 살포 약액의 표면장력을 감소시켜 습전성과 부착성을 향상시킬 뿐만 아니라 엽면살포시 농약 원제 성분의 빠른 흡수이행을 촉진시킬 수가 있다. 계면활성제도 전착제로서의 효과가 있으나 농약 원제의 식물체 표면의 결합력에서 차이가 있으므로 보다 전문적인 보조제 형태로서 별도로 상품화되고 있다. 폴리옥시에틸렌(Polyoxyethylene, POE)의 폴리머에 의해 제조된 비이온성 계면활성제 계통의 약제가 전착제로서 주로 사용되며, 실리콘과 산소의 결합체〔Si-O〕인 유기실리콘의 폴리머로 만들어진 siloxane 계통의 전착제가 제품으로 생산되고 있다.

✣ 계면활성제의 주요 작용에 관한 용어

용어	내용
임계미셀농도 (CMC, critical micelle concentration)	• 계면활성제 농도의 추가적인 작용이 멈추어진 임계점에 이른 상태를 나타냄 • 계면활성제의 표면장력, 수용성 등 물리성 변화를 일으킴
미셀 (Micelle)	• 계면활성제가 측정 농도에 도달했을 때, 각각의 계면활성제는 계면에너지를 감소시키기 위하여 집합체를 이루는데 이런 집합체를 미셀이라 함
유화 (emulsification)	• 서로 섞이지 않거나 일부가 녹아있는 두 액체 중 한 액체가 다른 액체에 작은 입자(0.1~10㎚)로 분산되는 과정으로 이때 생성된 액체를 유화액(emulsion)이라고 함 • 유화액은 우유나 화장크림, 마요네즈과 같이 기름이 분상상으로 물과 섞임 현상에서 볼 수 있는 O/W형(oil-in-water) 유화액과 버터, 마가린, 원유 등에서 볼 수 있는 물이 분산상으로 역할하는 W/O형(water-in-oil)으로 구분 됨
가용화 (microemulsification)	• 분산상의 지름이 0.01~0.1㎚인 유화액을 말하며, 물과 기름 사이의 표면 장력이 0에 접근하는 경우 발생 • 유분의 입자가 미세하면 colloid상이 되어 투명하게 되는 현상으로, 한 종류의 계면활성제보다는 보조계면활성제(Co-surfactant)가 필요 • 미세에멀션(microemulsion)의 유화제 농도는 계면 면적이 크므로 많은 양의 유화제가 필요하며, 전형적인 미세에멀션의 경우 오일 구성물이 10~70%, 수분 구성물이 10~70%, 유화제가 5~40%의 비율로 이루어짐
습윤성 (wetting property, 濕潤性)	• 살포한 농약이 식물체나 곤충의 체표면을 적시는 성질 • 고체면에 접촉한 액체 방울의 수직각도가 낮아 부착력이 높아짐
분산(dispersion)	• 물에 녹지 않는 작은 고체를 물에 떠 있게 하는 것으로 액체 중에 흩어져 있기 어려운 무기 또는, 고체 입자를 전하나 입체 장애에 의한 반발을 유도시켜 균일하게 분포하게 하는 현상
기포(foaming)	• 액체가 기체를 포함하여 생긴 동그란 방울
소포(anti foaming)	• 계면장력을 저하시켜 기포를 제거하는 작용
습전성 (wetting property)	• 식물이나 곤충의 체표면에 부착한 약액 의 입자가 잘 퍼지게 하는 성질을 확전성(擴展性, spreading property)이라 하며, 습윤성과 확전성을 합하여 습전성(濕展性)이라 함
부착성 (adhesiveness)	• 살포한 약제가 식물체나 곤충체 표면에 잘 달라 붙는 성질 • 습전성과 부착성은 살포약액의 액적(液滴)크기, 표면장력 및 살포작업 시 액적의 정전기 획득(acquired electrostatic charge) 정도에 따라 좌우 • 살포액의 표면 장력이 물의 표면장력보다 낮은 50dyne/cm 이하에서 습전성과 부착성이 향상됨

라 증량제(carrier)

분제, 입제, 수화제 및 수용제 등과 같이 고체상 제형에서는 여러 가지의 고체 증량제를 사용하게 된다. 증량제는 엄밀하게 말하면 희석제와 구별된다. 즉, 농약을 제제할 때 고농도의 농약 원제를 다량의 광물성 미세분말에 희석하는 경우에는 희석제라고 하는데 흡유가가 일반적으로 낮다. 반면에 흡유가가 높은 미세분말 또는 유기물 분말에 액상의 농약 원제를 흡수 또는 흡착시킬 때에는 증량제라고 한다. 일반적으로 증량제라고 하면 희석제를 포함해서 취급한다. 농약 제제에 사용되는 증량제는 단순히 농약 원제의 희석 또는 흡착에만 중요한 것이 아니고 증량제에 따라 농약의 약효에 크게 영향을 미치므로 증량제의 이화학적 성질은 농약의 제제 시에 매우 중요하다. 농약 원제의 희석 및 흡착에 사용되는 물질로서 주로 광물질 증량제가 이용되며, 주로 이용되는 것으로는 벤토나이트(bentonite), 규조토(diatomaceous earth), 점토(clay), 활석(talc), 탄화칼슘($CaCO_3$), 납석(pyrophyllite) 등이 있다.

1) 증량제의 종류

사용되고 있는 농약 제제용 증량제는 아래와 같이 분류할 수 있다. 이들 증량제 중 식물성 분말은 농약을 흡착 또는 흡수하는 특성이 강하여 농약 원제의 흡착제로 사용할 수는 있으나 경제적 측면에서 실용성이 낮으므로 현재 사용되고 있는 대부분의 증량제는 광물질이며, 그중에서도 규산염이 가장 많이 사용되고 있다.

❖ 농약 제형 조제시 사용하는 주요 증량제

구분	종류
식물성 분말	콩, 담배, 호도, 밀, 목화 등의 분말
광물성 분말	
원소	유황
산화물	규산: 규조토(硅藻土) 석회: 소석회, 마그네슘석회
인산염	인회석(燐灰石, apatite)
탄산염	방해석(方解石, calcite, $CaCO_3$), 백운모(白雲母, dolomite, $MgCO_3 \cdot CaCO_3$)
황산염	석고(石膏, gypsum)
규산염	운모(雲母, mica), 활석(滑石, talc), 납석(蠟石, pyrophyllite)
기타	점토광물((粘土鑛物): kaolinite, bentonite, attapulgite, 경석(輕石, pumice)

① **규조토**(硅藻土, diatomite)

일반적으로 함수 비결정성 석영을 주성분으로 하고 규조라는 단세포의 조류가 바다 또는 호수의 밑바닥에 쌓여 분해된 규산이 주성분인 유각이 퇴적하여 형성된 광물이며, diatomaceous earth, silica, kisselguhr, infusoria earth 등 20여 가지가 있다. 화학 조성은 SiO_2가 94.0%이고 물이 6.0%로 구성되어 있다. 규조토가 가진 특징은 다공질에 의한 흡수성이 크고 비열이 적은 특성이 있다. 백색과 회색을 띄는 광물로 pH는 4.2~9.8이며 염기치환용량(cation exchange capacity, CEC)이 매우 높다. 규조토는 공극이 많고 가비중이 낮아 비산되기 쉽고 경도가 높아 분제 제제용으로는 적당하지 않으나, 흡유가가 높고 가비중이 낮아 수화제 제제용으로는 적합하다.

② **점토**(Clay)

점토는 점토광물의 총칭으로 주 구성 물질은 알루미나 함수 규산염으로 고령토(kaolin), 몬모릴론석(montmorillonite) 및 일라이트(illite) 등 3가지로 되어 있다.

③ **납석**(蠟石, Pyrophyllite)

납석은 석영, 조면암, 안산암, 유문암 및 응회암등이 열수변질 작용을 받아 형성된 광물로 석영, 카오린 광물, 운모광물 diaspore 및 alunite 등이 있다.

④ **활석**(滑石, Talc)

활석은 함수 규산 마그네슘광물로서 연질이며, 순수한 활석은 무색 또는 백색이지만 불순물을 함유한 것은 엷은 청색, 녹회색, 황색, 분홍색, 흑회색을 띈다. 활석은 감람석(olivine), 휘석류(pyroxene), 각섬석류(amphibole) 및 규산 마그네슘이 변성작용을 받아 생성된 2차 변성광물이다.

⑤ **탄산칼슘**($CaCO_3$)

아라고나이트, 방해석과 같은 탄산염 광물을 분체 가공한 제품을 총칭하고 제조공정에 따라 중질 탄산칼슘과 경질 탄산칼슘으로 분류된다. 유공충, 조개껍질, 산호 등이 퇴적되어 형성된 광물로서 해수 중 박테리아 작용으로 생긴 탄산암모늄이 칼슘염류와 작용, 탄산석회로 형성된 광물이다. 석회석, 방해석, 탄석, 중탄, 경탄, 탄산칼슘 등으로 일컬어진다.

⑥ 제오라이트(Zeolite)

신생대 제3기의 화산회가 속성작용을 받아 생성된 천연광물로 1756년 스웨덴 광물학자인 B. Cronstedt에 의해 발견되어 끓는 돌이라 하여 희랍어로 제오라이트(Zeolite)라 명명되었으며 알칼리 및 알칼리 토금속을 함유하면서 물분자가 결정수 형태로 구조 중에 존재하는 함수알루미나 규산염 광물이다.

⑦ 기타

(a) 황산바륨(Barium sulfate)

천연 중정석(Barite)과 화학반응으로 제조된 침강석 황산바륨으로 분류되며, 열수광산의 접촉 및 열수 교대작용이나 퇴적광산의 사암이 결핵체로 퇴적되어 생성되거나 상기 광산이 풍화되어 잔류 점토층에 농집되어 생성된 광물이다.

(b) 세피오라이트(Sepiolite)

일반적으로 잘 알려지지 않은 함수 마그네슘 광물로 사문암, 석회석, 백운암, 안산암 등이 열수작용, 천수작용 및 퇴적작용을 형성된 광물이다. 점토광물의 일종으로 화학 조성은 SiO_2 55.7%, MgO 24.9%, H_2O 19.4%이다.

마 결합제(Binder)

입자 간의 결합력을 강하게 해주는 물질로서, 도말식 및 조립식 입제의 제제에 주로 이용된다. 특히 조립식 입제의 제제에서 결합제의 선정에 의해 붕괴성이나 기타 물리성을 조절할 수 있다.

결합제로는 무기계 중에서는 벤토나이트가 가장 많이 사용된다. 벤토나이트는 점결성에 의한 수팽윤성, 가변성 등의 성질을 가지고 있어 제제성이 양호하고 동시에 수중붕괴성이 좋다. 그러나 평형수분이 8~9%로 높고, pH도 9~10으로 높아 다른 종류의 고분자 결합제와 공용으로 사용된다. 이외에도 자주 사용되는 결합제로는 전분류, lignosulfosate, CMC Na염, polyvinylalcohol 등이 있다.

바 협력제(協力濟, Synergist)

협력제는 저항력이 생긴 살충제의 효과를 증진시킬 목적으로 50여 년 전부터 상업화되어 사용 중이며 작용기작은 주로 체내에 침투한 살충제를 분해시키는 monooxygenase(MFO)의 대사작용을 방해함으로서 효과를 나타낸다. 현재 많이 사용되는 협력제는 bucarpolate, dieholate, jiajizengxiaolin, octachlorodipropyl ether, piperonylbutoxide, piperonyl, cyclonene, piportal, propyl isome, sesamex, sesamolin, sulfoxide, tribufos, zengxiaoan 등이 있다. 이들은 천연 식물원 농약인 pyrethrin에 어떤 물질을 첨가함으로써 살충력이 증대된 데에서 착안하여 개발 되었으며, 그 자체만으로는 약효가 없으나 혼용되는 농약의 생물활성을 상승시켜 주는 작용을 하는 첨가제를 말한다.

따라서 협력제는 농약에 대한 저항성 병해충의 효율적 방제 및 우수한 혼합제 농약의 개발에 사용될 수 있다. 즉 어떠한 농약을 계속하여 연용했을 때 획득된 저항성이 유발된 병해충에 대하여 생체 내에서 그 농약의 분해와 대사 과정을 차단할 수 있는 협력제를 개발하여 이용함으로써 그 농약 원래의 생물활성을 지속시킬 수 있다.

사 기타 보조제

1) 분해방지제(Stabilizer)

농약제품은 상품성을 위하여 약효 보증기간을 보통 2~3년으로 설정하는데 이 기간에 유효성분의 분해를 방지 또는 억제하기 위하여 농약제형에 첨가하는 물질이다. 분제, 수화제, 입제 등의 안정성 증진에는 폴리에틸렌 글리콜, 폴리비닐 알콜, 폴리염화비닐을 사용하는 경우가 많다. 농약 유효성분의 산화 방지에 사용되는 산화방지제로는 직접 산화방지에 관여하는 퀴논류, 아민류, 페놀류 등과 산화반응의 촉매역할을 하는 금속 성분을 불활성화 시키는 간접적인 산화방지제가 있다.

2) 활성제(Activator)

약하게 해리하는 특성을 가진 유효성분에 대하여 이온화 정도를 조절함으로써 침투성을 향상시켜 약효를 증진하는 첨가제이다. 협력제와는 달리 물리성 향상제이며 해충이나 식물체 표면의 지질을 통과하기 쉽도록 pH 등을 조절하여 약제를 비이온화 형태로 존재하도록 하는 sodium bisulfite 등이 있다.

3) 고착제(Sticking agent)

해충이나 식물체 표면에서 약제의 부착 및 고착성을 향상시키기 위하여 사용하는 첨가제이다. 고착제는 점성이 강한 물질로서 카제인, flour, oil, 젤라틴, 껌(gum), 레진(resin) 및 합성 물질을 사용한다.

핵심 내용 정리

1. 농약 주요 제형의 제조법 및 특징

♦ 물에 희석하여 살포하는 제형: 수화제, 입상수화제, 액상수화제, 유제, 유탁제, 수용제, 입상수용제, 액제 등

♦ 직접 살포하는 제형: 분제, 저비산분제, 입제, 대립제, 수면 전개제 등

2. 농약 제제시에 사용하는 계면 활성제의 종류와 특성

♦ 계면활성제: 음이온, 양이온, 비이온, 양성 계면 활성제

♦ 특성: HLB, 유화, 습윤성, 분산, 미셀, 고착, 현수성

3. 농약 제조에 필요한 주요 증량제의 종류와 특징

♦ 규조토, 운모, 활석, 점토광물 등

4. 보조제의 종류와 특징

♦ 결합제, 협력제, 분해방지제, 활성제, 고착제

기출 및 예상문제 농약의 제형

1. 기출

물에 녹지 않는 원제를 증량제와 계면활성제와 섞어서 만든 분말 형태의 제제를 무엇이라 하는가?

① 유제 ② 수화제 ③ 분제
④ 입제 ⑤ 훈증제

2. 기출

다음 중 작물보호제의 주성분을 물과 섞일 수 있도록 계면활성제와 혼합하여 제조한 것이 아닌 것은?

① 수화제 ② 액상수화제
③ 분산성액제 ④ 입상수화제
⑤ 입제

3. 기출

원제를 물 또는 메탄올에 녹이고 계면활성제나 동결방지제를 넣어 제조하는 농약의 제형은 무엇인가?

① 수화제 ② 수용제 ③ 유제
④ 액제 ⑤ 분의제

4. 기출

물에 용해되기 어려운 농약 원제를 물에 대한 친화성이 강한 특수용매를 사용하여 계면활성제와 함께 녹여 만든 제형은?

① 유제 ② 입제
③ 유탁제 ④ 분산성 액제
⑤ 입상수화제

5. 기출

농약의 보조제 중 그 자체만으로는 약효가 없으나, 혼용하였을 때 농약 유효성분의 약효를 상승시키는 작용을 하는 것은?

① 전착제 ② 증량제 ③ 활성제
④ 협력제 ⑤ 약해방지제

6. 기출

농약의 제형 중 액제에 대한 설명으로 옳지 않은 것은?

① 원제가 수용성이어야 한다.
② 원제가 극성을 띠는 이온성 화합물이다.
③ 보조제로서 동결방지제와 계면활성제를 넣는다.
④ 농약 살포액을 조제하면 하얀 유탁액으로 변한다.
⑤ 원제를 물이나 알코올(메탄올)에 녹여 제제한다.

7. 기출

보조제인 계면활성제의 역할에 대하여 옳지 않은 것은?

① 전착제로 사용된다.
② 유화제로 사용된다.
③ 농약액의 현탁성을 높여 준다.
④ 농약액의 표면장력을 낮추어 준다.
⑤ 농약액과 엽면 사이의 접촉각을 크게 해준다.

8. 기출

농축된 상태의 액제 제형으로 항공 방제에 사용되는 특수 제형이며 원제의 용해도에 따라 액체나 고체상태의 원제를 소량의 기름이나 물에 녹인 형태의 제형은?

① 분의제 ② 수면전개제
③ 미량살포액제 ④ 분산성 액제
⑤ 캡슐현탁제

9. 기출

농약 제형에 관한 설명으로 옳지 않은 것은?

① 액상수화제 - 물과 유기용매에 난용성인 원제를 이용한 액상형태
② 액제 - 원제가 수용성이며 가수분해의 우려가 없는 원제를 물 또는 메탄올에 녹인 제형
③ 유제 - 농약 원제를 유기용매에 녹이고 계면활성제를 첨가한 액체 제형
③ 캡슐제 - 농약원제를 고분자 물질로 피복하여 고형으로 만들거나 캡슐 내에 농약을 주입한 제형
⑤ 훈증제 - 낮은 증기압을 가진 농약 원제를 액상, 고상 또는 압축 가스상으로 용기 내에 충진한 제형

10. 기출

농약 제형을 만드는 목적에 관한 설명으로 옳지 않은 것은?

① 농약 살포자의 편의성을 향상시킨다.
② 최적의 약효 발현과 약해를 최소화 한다.
③ 유효성분의 물리화학적 안정성을 향상시킨다.
④ 소량의 유효성분을 넓은 지역에 균일하게 살포한다.
⑤ 유효성분 부착량 감소를 위한 다양한 보조제를 적용 한다.

11. 기출

농약의 보조제에 관한 설명 중 옳지 않은 것은?

① 증량제에는 활석, 납석, 규조토, 탄산칼슘 등이 있다.
② 계면활성제는 음이온, 양이온, 비이온, 양성 계면활 성제로 구분된다.
③ 협력제는 농약의 약효를 증진 시킬 목적으로 사용하는 첨가제이다.
④ 계면활성제의 HLB 값은 20 이하로 나타나며, 낮을 수록 친수성이 높다.
⑤ 유기용제는 원제를 녹이는데 사용하는 용매로 농약의 인화성과 관련된다.

12. 기출

농약의 제형 중 액제(SL)에 관한 설명으로 옳지 않은 것은?

① 원제가 극성을 띠는 경우에 적합한 제형이다.

② 원제가 수용성이며 가수분해의 우려가 없어야 한다.

③ 원제를 물이나 메탄올에 녹이고, 계면활성제를 첨가 하여 제제한다.

④ 저장 중에 동결에 의해 용기가 파손될 우려가 있으 므로 동결방지제를 첨가한다.

⑤ 살포액을 조제하면 계면활성제에 의하여 유화성이 증가되어 우윳빛으로 변한다.

13. 기출

농약조제용 증량제에 대한 설명으로 가장 옳은 것은?

① 수분함량과 입자의 흡습성이 낮은 증량제가 좋다.

② 증량제의 가비중은 입자의 비산성과 관계가 있으므로 0.2 이하가 적당하다.

③ 증량제의 강도가 강할수록 농약 살포 시 더 유리하다.

④ 증량제의 pH에 의한 농약의 주성분 분해영향은 거의 없다.

⑤ 식물성 증량제가 경제적인 측면에서 널리 사용되고 있다.

14. 기출

수화제의 분말입자가 수중에서 분산 부유하는 성질을 의미하는 것은?

① 유화성　② 고착성　③ 현수성
④ 부착성　⑤ 확산성

15. 기출

다음 중 희석하여 살포하는 제형이 아닌 것은?

① 유제　② 분제
③ 수용제　④ 수화제

16. 기출

분제의 물리적 성질에 해당하는 것으로만 나열된 것은?

① 현수성, 유화성　② 습전성, 표면장력
③ 수화성, 접촉각　④ 용적비중, 비산성

17. 기출

농약의 제형에 의한 분류에 있어서 희석살포제인 제형에 해당되는 것은?

① 수면부상성입제　② 미립제
③ 분제　④ 과립수화제

18. 기출

물에 녹지 않은 원제를 벤토나이트 고령토점토광물의 증량제와 혼합하고, 여기에 친수성 · 습전성 및 고착성 등을 부가시키기 위하여 적당한 계면활성제를 가하여 미분말화시킨 농약의 제형은?

① 수용제 ② 수화제
③ 분제 ④ 유제

19. 기출

제제를 물로 희석하여 사용하는 액체시용제에 해당하지 않는 제형?

① 유제 ② 액제
③ 수화제 ④ 입제

20. 기출

유제에 사용되는 유기용제를 줄이기 위한 방안으로 개발된 제형은?

① 액제 ② 유탁제
③ 액상수화제 ④ 수면전개제

21. 기출

물에 녹지 않는 주제를 카올린, 벤토나이트 등의 점토광물과 계면활성제, 분산제를 배합하고 혼합하여 제제화한 것은?

① 수용제 ② 분제
③ 증량제 ④ 수화제

22. 기출

약제의 처리법 중 수면 시용법이 갖추어야 할 특성으로 틀린 것은?

① 물에 잘 풀리고 널리 확산되어야 한다.
② 물이나 미생물 또는 토양성분 등에 의하여 분해되지 않아야 한다.
③ 수중에서 장시간에 걸쳐 녹아 약액의 농도를 유지하여야 한다.
④ 가급적 약제의 일부는 수중에 현수되도록 친수 및 발수성을 갖추어야 한다.

23. 기출

농약 제형 중 직접 살포제가 아닌 것은?

① 세립제 ② 미립제
③ 유탁제 ④ 미분제

24. 기출

다음 제형 중 주로 병해충 예방용 약제를 대상으로 하며 단위면적당 농약 투입량이 가장 적은 것은?

① 종자처리수화제(WS) ② 유현탁제(SE)
③ 액상수화제(SC) ④ 미립제(MG)

25. 기출

유제(乳劑)에 대한 설명으로 옳지 않은 것은?

① 수화제보다 살포액의 조제가 편리하다.
② 수화제보다 약효가 다소 낮다.
③ 수화제보다 제조비가 높다.
④ 수화제보다 포장·수송·보관이 어렵다.

26. 기출

고체 시용제가 갖추어야 할 물리적 성질이 아닌 것은?

① 분말도 ② 토분성
③ 분산성 ④ 현수성

27. 기출

수화제의 분말입자가 수중에서 분산 부유하는 성질을 의미하는 것은?

① 유화성 ② 고착성
③ 현수성 ④ 부착성

28. 기출

약효 지속시간이 길어야 하는 보호살균제의 특성을 고려하였을 때, 보호살균제 살포액의 가장 중요한 물리적 특성은?

① 습윤성과 확전성 ② 부착성과 고착성
③ 현수성과 유화성 ④ 침투성과 입자의 크기

29. 기출

농약의 이화학적 검사에서 적부를 판정하는 검사항목이 아닌 것은?

① pH ② 유효성분
③ 분말도 ④ 입도

30. 기출

농약의 검사방법에서 저비산분제(DL)의 검사항목이 아닌 것은?

① 분산성 ② 분말도
③ 입도 ④ 가비중

31. 기출

기계유 유제의 불포화탄화수소의 양을 표시하는 값으로 정제도(精制度)와 관계있는 물리적 성질은?

① 점조(viscosity)
② 비등점(booiling point)
③ 술폰가(sulfonative value)
④ 응고(coagulation)

◆ 정답 및 해설: 173쪽

기출 및 예상문제 보조제

1. 기출

계면활성제를 구성하는 주요 원자단 중 친수성(hydrophilic)을 갖는 원자단이 아닌 것은?

① $-CH_2OR$　　② -OH

③ -COOH　　④ -CN

2. 기출

물에 잘 팽윤되어 점착성을 띠며, 주로 수화제의 증량제로 사용되고, 비교적 무거운 점토광물로서 흡유가가 천연의 증량제 중 가장 높은 것은?

① 활석(탈크)　　② 카올린

③ 벤토나이트　　④ 규조토

3. 기출

다음 중 농약의 보조제(supplement agent)에 해당하는 것은?

① 유인제　　② 식독제

③ 기피제　　④ 유화제

4. 기출

농약의 보조제로 사용되지 않는 것은?

① 전착제　　② 용제

③ 주제　　④ 협력제

5. 기출

다음 중 전착 효과를 나타내는 물질은?

① 펜크로림(fenclorim)

② 벤토나이트(bentonite)

③ 폴리옥시에틸렌(polyoxyethylene)

④ 피페로닐 부톡사이드(piperonyl butoxide)

6. 기출

다음 중 수화제에 주로 사용되는 증량제는?

① toluene　　② sulgamate

③ bentonite　　④ methanol

7. 기출

농약의 액제 제형을 제조할 때 겨울에 동결을 방지하기 위하여 주로 사용하는 것은?

① 석고(Gypsum)
② 규조토(Diatomite)
③ 황산아연(Zinc sulfate)
④ 에틸렌글리콜(Ethylene glycol)

8. 기출

농약 보조제에 속하지 않는 것은?

① 계면활성제　② 식물생장조정제
③ 증량제　④ 유화제

◆ 정답 및 해설: 175쪽

제4장 농약의 사용법

꼭 알아두기!

- 농약 살포액 제조에 관한 계산법(3가지)을 이해하고 계산할 수 있어야 한다.
- 농약 살포기(인력살포, 동력살포, 항공 살포)의 특징에 관하여 알아두어야 한다.
- 농약 살포법의 종류와 특징에 관하여 알아두어야 한다.

1. 농약의 선택

발생한 병해충의 종류와 상황, 농작물 또는 수목의 품종이나 생육 크기등을 검토하여 사용할 농약을 선택하고 살포할 시기와 살포량 및 살포방법을 결정하며, 사용 농약은 대상 농작물 또는 수목에 등록되어 안전사용기준이 설정된 농약 중에서 선택해야 한다. 특히 농약이 해당 작물에 등록되지 않아 잔류허용기준이 설정되지 않은 경우에는 사용할 수 없으며 반드시 안전사용기준이 설정된 농약 중에서 선택하여야 한다. 살포지 인근에 다른 작물이 재배 중일 경우에는 농약이 비산되지 않도록 살포하여야 하며 살포지역의 입지적 조건을 감안하여 농약 살포에 따른 인축의 피해는 물론 자연생태계에 영향이 없는 농약 사용 방법을 선택하여야 한다.

농약은 유효성분과 발생한 병해충 종류에 따라 다양한 선택성이 나타나므로 방제하고자 하는 병해충에 가장 유효한 농약의 종류 및 제형을 선택하는 것이 병해충의 효율적 방제를 위한 방법이며 저항성 발생을 고려하여 작용특성이 다른 농약을 교호 사용하여야 한다.

2. 살포액의 조제

농약제품을 물에 희석하여 살포하는 유제, 수화제, 액제 등과 같은 희석 살포용 농약은 살포액을 조제해야 한다. 살포액을 적정하게 조제하지 않으면 농약의 물리화학적 성질에 영향을 주어 약효를 저하시키거나 약해를 유발시키는 경우가 있으므로 다음 사항을 고려하여 조제해야 한다.

가 희석 용수

농약의 희석에 사용하는 용수를 알칼리성 용수나 공장폐수 등의 오염된 물을 희석용수로 사용하면 농약의 유효성분 분해가 촉진되어 약효가 떨어지거나 오염물질이 농약과 반응하여 작물에 유해한 물질을 생성하여 약해를 유발시키는 경우가 생길 수 있다.

희석용수의 산도(pH)별 농약 유효성분의 분해는 농약의 종류에 따라 알칼리성 또는 산성에서 분해가 촉진되는 경우가 있으므로 약제의 특성을 고려하여 희석용수를 선택하는 것이 바람직하며, 일반적으로 희석용수로는 중성의 용수가 적당하다. 간척지 등에서 염분이 과다 함유된 관개용수를 농약 희석에 사용할 경우 농약의 유효성분 분해는 발생하지 않으나 염분의 농도가 높으면 살포액의 물리성 저하 혹은 염류로 인한 약해가 발생할 수 있으므로 주의하여야 한다.

나 희석 배수 및 혼용 살포액 조제

희석 배수는 병해충의 방제 효과 및 약해와 직접적인 관계가 있으므로 농약 포장지에 표시된 희석 배수를 반드시 지켜야 한다. 농약안전사용기준은 농약의 종류, 병해충의 종류 및 작물의 종류와 생육상황 및 농약 살포기의 종류에 따라 달라질 수 있으므로, 반드시 농약 포장지에 표시된 안전사용기준에 따라 희석하여야 한다. 농약 제품별로 표준 희석배수가 설정되어 있으므로 이를 준수하는 것이 약효 발현과 약해 경감 측면에서 유리할 뿐만 아니라 수확한 농산물 중 농약 잔류량이 잔류허용기준을 초과하지 않게 된다.

두 종류 이상의 약제를 혼합하여 살포액을 조제하는 것을 혼용이라 한다. 살포액의 혼용은 액제와 수용제와 같이 농약 원제(주성분)가 물에 잘 녹는 약제의 경우에는 문제가 되지 않으나 유제, 수화제, 액상수화제 등과 같이 농약 원제(주성분)가 물에 녹지 않는 약제의 경우는 살포액을 조제할 때 희석액 중에 약제의 입자가 균일하게 섞이도록 충분히 혼화시켜 주어야 한다. 유제나 수화제의 살포액을 조제할 때 혼용이 충분하지 못하면 살포액의 유화성 또는 수화성이 불량하게 되어 약해의 원인이 되기도 한다. 특히 특성이 서로 다른 약제를 혼용하여 살포액을 조제하는 경우에는 약제의 균일한 혼용에 특별히 주의하여야 하며, 이는 약해와 연결될 수 있어 특히 주의하여야 한다.

3. 살포액 조제 방법

희석살포용 제형을 물에 희석하여 살포액을 조제하는 데는 배액(倍液)과 퍼센트(%)액 등 몇 가지 조제 방법이 있으며, 이 경우 약제를 중량으로 계산하여 조제하는 것이 원칙이다.

조제 방법	특징	조제공식
1. 배액 조제법	제품 농약의 희석 배수를 나타내는 것	$$희석\ 배수 = \frac{물의\ 양(mL)}{농약\ 제품의\ 양(mL\ 또는\ g)}$$ **[예시]** 물 20L에 제품 농약 10mL 또는 10g을 넣어 살포액을 조제하였을 경우 살포액의 희석 배수 **[계산]** 희석배수 = [20L ×(1,000 단위보정)] / 10mL(g) = 2,000배
2. 지정 희석 배수 조제법	지정 희석배수로 일정량의 살포약 조제시 투여 농약량	$$소요\ 제품\ 농약량(mL\ 또는\ g) = \frac{단위면적당\ 소요\ 농약살포액량(mL)}{희석배수}$$ **[예시]** 디페노코나졸 유제(10%)를 1,000배 희석하여 10a 당 200L 살포시 디페노코나졸 소요량은? **[계산]** 디페노코나졸 소요량(mL) = [200L ×(1,000 단위보정)] / 1,000 = 200mL
3. 퍼센트액 조제법	퍼센트액은 약제에 함유된 유효성분의 백분율로 나타내는 것	$$소요\ 제품\ 농약량(mL\ 또는\ g) = \frac{추천농도(\%) \times 단위\ 면적당\ 소요\ 살포액량(mL)}{제품농약\ 유효성분\ 농도(\%) \times 비중}$$ **[예시]** 비중이 1.5인 뷰프로페진 액상수화제(20%)를 0.03% 액으로 조제하여 10a 당 200L를 살포시 농약의 양은? **[계산]** 뷰프로페진 액상수화제(20%) 소요량(mL) $$\frac{0.03 \times 200 \times 1{,}000}{20 \times 1.5} = 200mL$$
4. 필요한 물의 양	한정된 농약량으로 퍼센트액을 조제하고자 할 때 필요한 물의 양	$$물\ 소요량(L) = 제품\ 농약량(mL) \times \left[\frac{제품농약의\ 유효성분\ 농도(\%)}{희석액\ 농도(\%)} - 1 \right] \times \frac{농약\ 비중}{1{,}000}$$ **[예시]** 비중이 1.5인 뷰프로페진 액상수화제(20%) 150mL로 0.02% 살포액으로 조제시 물의 양은? **[계산]** $224.7L = 150mL \times \left[\frac{20\ \%}{0.02\ \%} - 1 \right] \times \frac{1.5}{1{,}000}$
5. ppm 액 조제법	실험실 내에서 시험용액을 조제	$$농약\ 소요량(mL) = \frac{추천농도(mg/kg\ 또는L) \times 소요\ 살포액량(mL) \times 비중}{1{,}000{,}000} \times \frac{100}{농약\ 농도(\%)}$$

가 제형별 살포액 조제 방법

희석용 살포제인 수화제나 액상수화제의 경우는 살포액을 조제하는 데 필요한 양의 약제를 소량의 물에 넣어 혼화한 다음 희석에 필요한 전량의 물에 부어 충분히 혼화하여 조제하는 데, 특히 액상수화제와 같이 점성이 있는 제형은 사용하기 전에 잘 흔들어 용기 내의 내용물을 균질화한 후 사용해야 한다.

유제는 살포액을 조제하는 데 필요한 양의 약제를 동일한 양의 물에 넣어 충분히 혼화한 다음 나머지 물을 넣으면서 혼화하여 조제한다.

약제 자체가 물에 잘 녹는 액제와 수용제는 물에 완전히 녹여 투명한 액으로 조제한다. 필요한 경우 농약의 살포액 조제방법에 준하여 전착제액을 조제하여 살포액에 첨가한 후 혼화한다. 그러나 최근에는 우수한 계면활성제가 개발되어 전착제를 소량의 물과 혼화한 다음 살포액에 첨가한다.

4. 농약 살포기

살포기	특징
가. 인력살포기	• 공기압축식 살포기와 수압식 살포기가 있음 • 공기압축식 살포기 – 물탱트내에 공기를 주입하여 발생한 압력으로 농약 살포 – 물탱크 용량의 2/3 적당, 1 bar 정도의 압력으로 살포 • 수압식 살포기 – 장치 부착 막대로 압력 발생, 배부식(등에 지는 형식) 형태 – 1~3 bar로 압력이나 1.5~2 bar의 압력이 적당
나. 동력살포기	
1) 배부식 전기충전 살포기	• 재충전용 전지의 전력을 이용하여 살포기에 내장된 소형 회전펌프(rotary pump)를 작동시켜 발생한 압력으로 농약을 살포
2) 배부식 동력 살포기	• 살포기에 장착된 엔진으로 회전 펌프(rotary pump)를 작동시켜 수압 또는 공기압력을 이용하여 살포액 또는 입제나 분제 등을 살포
3) 트랙터 및 차량탑재 동력 살포기	• 살포 동력은 트랙터와 차량의 자체 동력 이용, 살포 농약을 담을 탱크는 트랙터 탑재 동력 살포기는 트랙터의 뒤편에 부착하거나 별도의 트레일러에 탑재, 차량 탑재 동력 살포기의 경우는 차량의 짐칸에 탑재
4) 유기분사식 살포기	• 분사노즐에 압축공기를 공급하고 고속 송풍기로 약액을 살포하여 살포액의 크기를 더 작게 만드는 살포기. 과수원에서 약제 살포에 사용하는 고속살포기(speed sprayer, SS기)와 광역살포기가 해당
다. 항공 방제용 살포기	• 조종사의 탑승 여부에 따라 크게 무인항공기와 유인항공기로 구분 • 회전축(로터)의 갯수에 따라 회전축이 1~2개인 것을 무인헬리콥터(무인헬기) 회전축이 3개 이상인 항공기를 무인멀티콥터(드론) • 무인헬기 – 벼 농사용 및 양파와 마늘 등의 대규모 재배지와 일부 외래병해충 방제에 사용 • 무인멀티콥터 – 밭작물과 일부 논작물을 대상으로 개인 또는 영농조합 등의 단체에서 항공 방제에 널리 사용 • 고농도의 농약을 사용하고 기류의 영향을 받기 쉬운 조건에서 살포할 때 비의도적으로 인근 지역으로 농약의 비산이 영향을 줄 수 있기 때문에 제반 규정과 안전수칙을 지켜야 함 • 유인항공살포기는 광범위한 면적에 살포하는데 적합하며, 많은 양의 살포액이나 농약을 실을 수 있어 1회에 넓은 면적에 농약을 살포할 수 있다. 살포 고도가 높아 비산으로 인하여 주변 지역에 피해가 나타날 수 있어 대단위 간척지 논농사에 사용

❖ 농약살포기의 종류

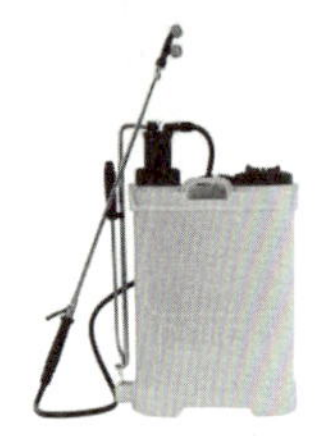	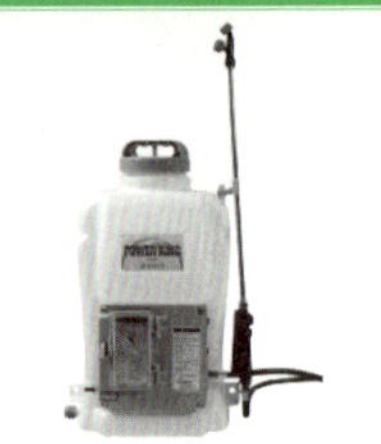	
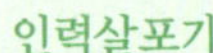 인력살포기	배부식 전기충전 살포기	배부식 동력 살포기

드론(무인멀티콥터)	무인헬리콥터(무인헬기)	유기분사식 살포기(SS살포기)

5. 농약의 살포 방법

농약 제형의 종류 및 농작물 재배조건, 경작 면적, 영농 환경에 따라 다양한 살포 방법이 사용되는데, 일반적인 살포 방법은 분무법, 미스트법, 살분법, 살립법 등이나 그 밖에 연무, 훈증, 관주, 토양 혼화법도 조건에 따라 사용된다. 최근에는 무인헬기나 드론과 같은 항공 방제 방법이 널리 이용되고 있으며, 항공 방제에는 미량 살포법을 이용한다.

이외에도 종자나 종묘를 농약의 희석액에 담그는 침지법(浸漬法), 가루 형태의 농약을 종자의 표면에 피복시키는 분의법(粉衣法), 과수나 정원수 등을 가해하는 해충이 월동하기 전후에 나무줄기를 이동할 때에 해충을 이동 도중 사멸시키기 위하여 나무줄기에 농약을 발라두거나 사과의 부란병을 방제하기 위하여 병반부(病斑部)에 약제를 발라두는 도포법(塗布法) 등이 있다.

살포 방법	특징과 사용방법
분무법 (spraying)	• 가장 일반적인 살포 방법. 물로 희석한 후 살포기(sprayer)로 약액을 연무형태 살포 방법 – 인력살포기와 동력살포기를 이용하여 일반적인 희석용 제형의 살포에 적합 • 살포 압력이 일정하지 않아 살포액의 입자 크기가 균일하지 않는 단점 – 살포기에서 분출되는 입자 사이즈가 작은 것이 포인트, 압력을 높이고 분출구를 작게 해야 함
미스트법 (mist spraying)	• 살포액의 입자 크기를 작게하여 살포의 균일성을 향상시킨 살포 방법 • 살포액 분사노즐에 압축공기를 같이 주입하는 유기분사(有氣噴射, air injection spray) 방식 – 고속 회전 송풍기를 통하여 송출 풍압으로 살포액 분출, 먼 거리까지 살포 가능 • 넓은 면적의 살포에 적합하며, 과수전용 사용하는 고속살포기(speed sprayer)가 속함 • 분무법에 비하여 살포액의 농도를 3~5배 높게 살포 액량을 1/3~1/5로 줄인 살포 가능 – 농작물에 골고루 부착시킬 수 있어 시간, 노력, 자재 등을 절약 가능 – 분무법에 비하여 효율적인 살포 방법
살분법 (dusting)	• 가루형태의 농약 제형(분제 등)을 살포하는 방법 – 분무법에 비하여 작업이 간편하고 노력이 적게 들며, 희석용수가 필요하지 않음 – 단위 시간당 약제 살포면적이 넓어 살포 능률면에서도 효과적인 방법 • 살포량은 3~4kg/10a이며, 소요시간은 인력 살분기의 경우 약 30분/10a, 동력 살분기는 4·5분/10a 소요 • 살포지역 양쪽의 수 미터에서 수십 미터 사이에 동력 살포기에 연결된 다구살포기(多口撒布機, pipe duster)를 이용하여 살포
살립법 (granule application)	• 손으로 입제 농약을 토양에 살포 넓은 면적에는 살립기(granule applicator) 이용 – 비료 살포 작업과 동일한 방식
연무법 (aerosolation)	• 살포액 입자가 미스트보다 더 작은 연무질(aerosol)의 형태로 살포하는 방법 – 식물이나 곤충 표면에 대한 부착성이 우수 – 입자의 크기가 10·20μm로 작아 비산성이 크므로 풍속이 2m/sec 이하인 날씨에 살포
미량살포법 (ULV spraying)	• 농약 원액 또는 유효성분함량이 수십 %인 높은 농도의 미량살포제(ULV제) 등을 소량 살포 – 살포액을 실을 수 있는 양이 한정적인 항공 살포에서 이용 – 분무법이나 미스트법에 비해 소량 살포(0.08~0.5L/10a)하여도 동일한 방제 효과 나타남 • 정전기 살포법(electrostatic application)으로 미세한 살포액 입자에 정전기를 띠도록 하여 작물, 병원균 및 해충 표면에 대한 부착성을 향상 • 입자 크기를 균일하게 하기 위하여 살포액 입자조절 살포법을 이용 *** ULV: ultra- low-volume**

살포방법	특징과 사용방법
훈증법 (fumigation)	• 저장 곡물이나 종자를 창고나 온실에 넣고 밀폐시킨 후 약제를 가스화하여 방제하는 방법 – 수입 농산물의 방역용으로 주로 사용하고 있으며, 재배 중인 농작물에는 사용하지 않음 • 토양소독으로 훈증법을 이용시 일정한 간격과 깊이로 구멍을 내고 관주 처리함 – 처리 후 구멍을 막고 비닐로 피복하여 밀폐 후 일정시간 경과 후 가스의 배기작업을 하고 파종 또는 이식
관주법 (drenching)	• 토양 내에 서식하고 있는 병원균이나 해충 대상 – 농작물의 뿌리 근처의 토양이나 토양 전면에 30~60cm 간격으로 약제를 주입하는 방법
토양혼화법 (soil incorporation)	• 입제와 분제 등을 경작 전에 토양에 처리하는 방법 – 약제 처리 후 경운하여 약제가 토양에 골고루 혼화되도록 함 • 토양 표면에 살포하는 전면살포법(broadcasting application)에 비하여 작토층 상하로 약제가 골고루 분포 – 표면 유실 등에 의한 약제 손실량이 적어 약효지속기간이 길게 나타나는 것이 장점
기타	• 침지법: 종자 또는 종묘를 농약 희석액에 담그는 방법 • 분의법: 가루형태의 농약을 종자의 표면에 피복시키는 방법 • 도포법: 과수 등 나무의 줄기의 병반부 혹은 해충의 이동경로상에 농약을 도포하는 방법

6. 농약 포장지 및 안전사용지침의 이해

가 농약 포장지 표시사항

농약 포장지 전면 상단에는 농약의 사용용도와 그 용도에 맞는 색이 바탕색에 사용되며, 액제의 경우 용기 뚜껑색으로도 사용된다. 또한, 유효성분의 작용기작 분류기호는 농약의 사용용도 아래에 표시되어야 하며, 등록번호와 독성정보가 표기된다. 이와 함께, 품목명이 한글로 표기되며, 농약의 주의사항과 응급처치요령, 고객상담 번호가 표시된다. 전면의 하단에는 안전주의표시 그림문자와 독성정보를 나타내는 배경색을 지정하고 있다.

이외에도 적용병해충 및 사용량과 같은 안전사용기준 정보, 취급제한기준을 제시하고 있으며, 유효성분과 기타성분정보와 함께, 약효보증기간과 제조모집단 번호를 표시하여야 한다.

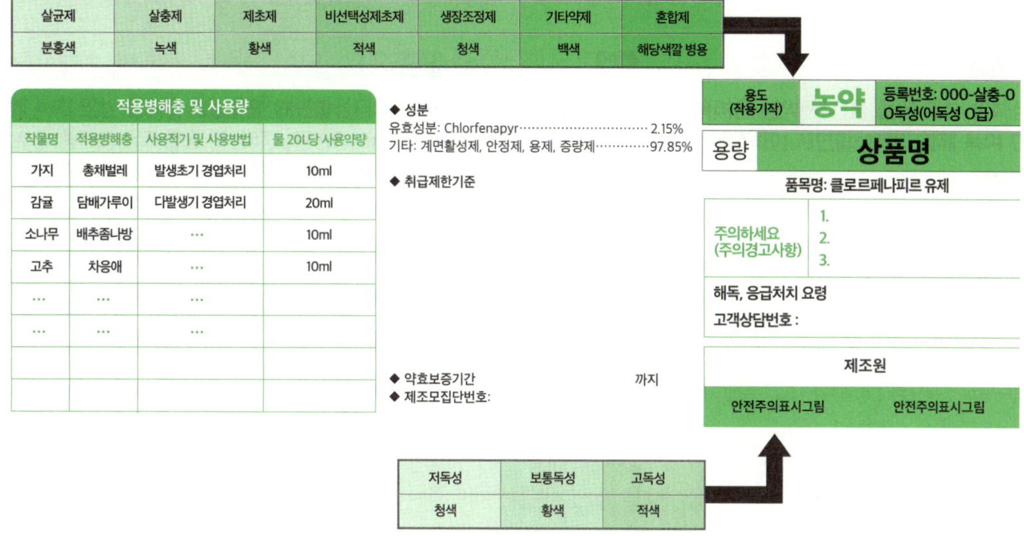

핵심 내용 정리

1. 농약 살포액 제조법 공식을 이해하고 알아 두어야 한다

♦ 배액 조제법(약제 살포시에 주로 사용), 퍼센트액(연구목적으로 사용), 피피엠액 조제법(시험용액 조제)

♦ 살포액 조제법에 대한 계산 방법을 알아두어야 한다

2. 농약 살포기의 종류와 특징에 관하여 파악하여야 한다.

♦ 인력살포기, 동력 살포기, 항공 방제용 살포기(드론 포함)

3. 농약의 살포 방법의 특징에 관하여 알아두어야 한다.

4. 농약 포장지 표시사항

기출 및 예상문제

1. 기출

느티나무벼룩바구미를 방제하기 위하여 메프유제를 살포하고자 한다. 800배액 160L를 조제할 때 필요한 약제의 양은?

① 20ml ② 40ml ③ 80ml
④ 120ml ⑤ 200ml

2. 기출

꽃매미류를 방제하기 위하여 에토펜프록스유제를 사용하려 한다. 2,000배액을 10L를 조제할 때 필요한 약제의 양은?

① 1ml ② 10ml ③ 50ml
④ 5ml ⑤ 20ml

3. 기출

원제의 농도가 10%인 농약을 2,000배로 희석하여 400L의 살포액을 만들기 위해 필요한 농약량(L)은?
(단, 이 농약의 비중은 1.0으로 한다.)

① 100ml ② 200ml ③ 300ml
④ 400m ⑤ 500ml

4. 기출

아바멕틴 미탁제(유효성분함량 1.8%, 주입량 원액 1ml/흉고직경 cm) 수간주사액(용기 용량 5ml)을 이용하여 흉고직경 20cm인 소나무에 주사하고자 한다. 용기 개수와 원액의 농도는?

① 1개, 1.8ppm ② 2개, 1,800ppm
③ 2개, 18,000ppm ④ 4개, 1,800ppm
⑤ 4개, 18,000ppm

5. 기출

소나무가 식재된 1ha의 임야에 살충제 이미다클로프리드 수화제(10%)를 500배 희석하여 10a당 100L의 량으로 살포하고자 한다. 소요 약량은?

① 0.2kg ② 0.5kg ③ 0.5kg
④ 2kg ⑤ 5kg

6. 기출

농약의 사용법에 대한 설명 중 옳지 않은 것은?

① 유제, 수화제, 액제는 물에 희석하여 살포한다.

② 사용에 필요한 양만을 구입한다.

③ 포장지(라벨) 표기사항을 반드시 숙지한다.

④ 유제와 수화제를 혼용할 때는 유제를 먼저 섞는다.

⑤ 바람을 등지고 살포한다.

7. 기출

유기인제 계통의 약제를 강알칼리성 약제와 혼용을 피하는 가장 큰 이유는?

① 약해가 심하기 때문이다.

② 물리성이 나빠지기 때문이다.

③ 복합요인에 의한 작물의 생육 저해가 일어나기 때문이다.

④ 알칼리에 의해 가수분해가 일어나기 때문이다.

⑤ 강알칼리에 의한 역한 악취 때문이다

8. 기출

DDVP 유제 50%를 500배로 희석하여 면적 10a당 4말(1말 18L)을 살포하고자 할 때의 소요약량은 약 몇 mL 인가?

① 72 ② 144 ③ 288

④ 576 ⑤ 1,152

9. 기출

가비중이 1.05인 isoprothiolane 유제(50%) 100mL로 0.05% 살포액을 조제하는데 필요한 물의 양은 약 몇 L인가?

① 20 ② 25

③ 105 ④ 204

10. 기출

메프유제 50%를 0.05%.로 희석하여 10a당 100L를 살포하려고 할때 소요약량은 약 몇 mL 인가?
(단, 비중은 1.008 이다.)

① 99.2 ② 109.2

③ 119.2 ④ 129.2

11. 기출

50%의 페뉴뷰카브유제(비중:1) 100mL를 0.05% 액으로 희석하는데 소요되는 물의 양은 약 몇 L인가?

① 49.95 L ② 99.9 L
③ 499.5 L ④ 999.9 L

12. 기출

살포액 조제 시 고려할 사항으로 가장 거리가 먼 것은?

① 병해충의 종류 ② 희석용수의 선택
③ 희석배수의 준수 ④ 충분한 혼화

13. 기출

BP(밧사)원제 0.4kg으로 2% 분제를 만들려고 할 때 소요되는 증량제의 양은?(단, 원제의 함량은 94% 이다.)

① 1.84kg ② 4.60kg
③ 18.4kg ④ 46.0kg

14. 기출

농약의 사용 기구에 대한 설명으로 가장 거리가 먼 것은?

① 미스트기(mist spray)는 풍압으로 미립자를 만든 후 다량의 바람으로 불어 붙이는 기기이다.
② 스프링클러(sprinkler)는 관수·시비 등을 포함하여 다목적으로 사용되는 기기이다.
③ 폼스프레이(foam spray)는 살포액에 기포제를 가하여 전용 노즐로 공기와 교반하는 거품의 집합체로 살포하는 기기이다.
④ 살립기(granule applicator)는 분제농약을 작업상의 안정성이나 능률면에서 고르게 살포하기 위한 기기이다

15. 기출

농약관리법령상 농약과 농약의 포장지에 포함되어야 할 표시사항이 바르게 연결되지 않은 것은?

① 대기오염성 농약- 경고표시와 안내문자
② 사람 및 가축에 위해한 농약- 해독방법
③ 살충제- 사용방법과 사용에 적합한 시기
④ 토양잔류성 농약- 저장·보관 및 사용상의 주의사항

◆ 정답 및 해설: 176쪽

제5장 농약의 작용기작

꼭 알아두기!

- 살균제, 살충제, 제초제의 작용점과 그 차이를 알아두자.
- 작용점에 해당하는 분류기호와 유효성분 계통을 연계하여 알아두자.
- 작용점에서의 작용기작을 이해하고 그 적용대상을 알아두자.

병해충과 잡초 방제를 위해 사용되는 농약은 주요 방제 대상에 따라 살균제, 살충제, 제초제 등으로 구분할 수 있으며, 유효한 약효와 인축 및 환경에 대한 안전성 문제 해결을 위해서는 방제 대상 생물에 대한 특이적인 독작용을 일으킬 수 있어야 한다. 농약에 의해 방제 대상 생물의 생화학적 기능이 교란, 정지되어 독작용이 발현하는 특이적인 기작을 작용기작이라 한다.

1. 살균제의 작용기작

살균제의 작용기작을 이해하기 위해서는 미생물의 기초 생리작용을 먼저 이해하면 도움이 된다. 미생물의 주요 생리작용은 ① 호흡을 통한 에너지 생산 ② 생장을 위한 세포 구성성분 생합성 ③ 번식을 위한 세포 분열 및 식물 체내 침투 작용 등이 알려져 있으며, 살균제의 주요 작용기작은 미생물의 생리적 기능 교란 외에도 식물의 병 저항성 유도기작이 알려져 있다.

가 호흡저해 다

호흡은 생물체가 에너지를 만들어내는 기본 대사활동으로 포도당을 분해하여 이산화탄소와 물, 그리고 생체에너지라 불리는 ATP를 생합성 하는 작용이다. 이러한 작용은 해당 과정과 TCA 회로(혹은 크렙 회로) 그리고 '미토콘드리아'라고 하는 세포 내 소기관에서 일어나는 전자전달계를 통해 일어난다.

미토콘드리아에서 일어나는 작용을 보다 더 상세하게 살펴보면, 생체 내 NADH 혹은 $FADH_2$에서 유래한 전자가 미토콘드리아 막에 존재하는 미토콘드리아 단백질복합체(I, II, III, IV)를 통과하면서 미토콘드리아 막을 경계로 수소 이온(H^+) 농도 구배를 만들게 된다. 이러한 수소이온 농도 차이는 ATP synthase가 산화적 인산화 과정을 통해 생체 에너지라 불리는 ATP를 생합성할 수 있도록 유도한다.

호흡 저해 작용을 주요 작용기작으로 갖는 농약은 미토콘드리아 막의 단백질복합체 I~IV의 전자전달 기능을 저해하거나, ATP 생합성 저해와 ATP 이동을 저해하여 살균작

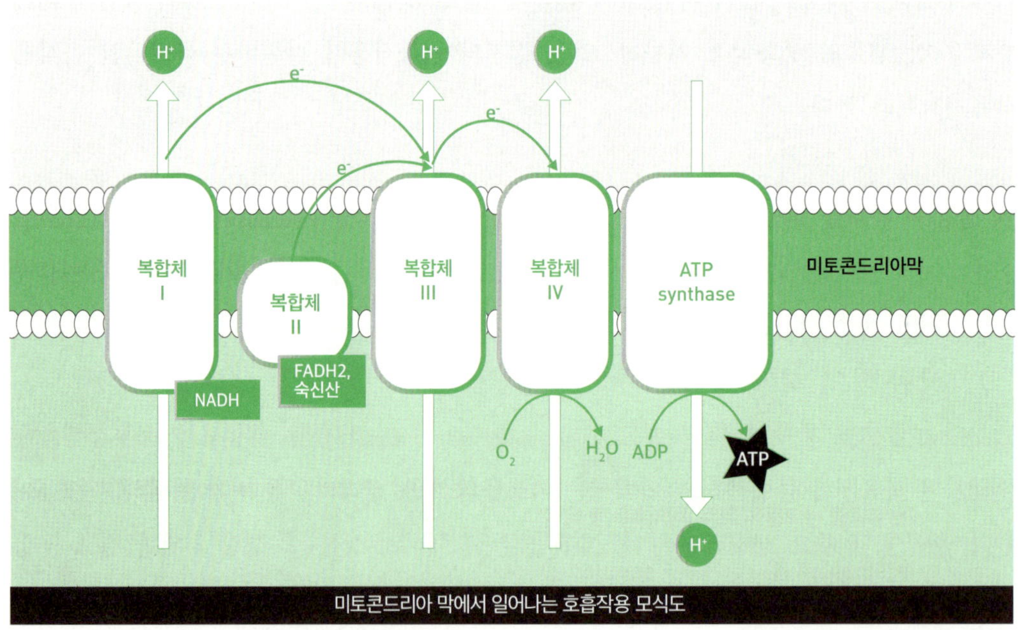

미토콘드리아 막에서 일어나는 호흡작용 모식도

용을 나타내도록 한다. 이들 각각의 작용점에 대해 알려진 농약을 구분하여 제시하면 다음과 같다.

1) 미토콘드리아 복합체I의 NADH 기능 저해 다1

피리미딘아민계 디플루메트림 등이 알려져 있으나, 아직 국내에 등록된 약제는 없다.

2) 미토콘드리아 복합체II 의 숙신산 탈수소효소 저해 다2

① **페닐벤자마이드계**: 메프로닐, 플루톨라닐 등

② **옥사티인계**: 카복신, 옥시카복신 등

③ **티아졸카복사마이드계**: 티플루자마이드

④ **피라졸카복사마이드계**: 아이소피라잠, 펜티오피라드, 플룩사피록사드

⑤ **피리딘카복사마이드계**: 보스칼리드 등

⑥ **피리딜에틸벤자마이드계**: 플루피오람 등

3) 미토콘드리아 복합체 III: 퀴논 외측에서 시토크롬 bc1기능 저해 다3

① **스트로빌루린계**: 아족시스트로빈, 피콕시스트로빈, 피라클로스트로빈, 크레속심-메틸, 트리플록시스트로빈, 오리사스트로빈 등

② **옥사졸린디온계**: 파목사돈 등

③ **이미다졸리논계**: 페나미돈 등

4) 미토콘드리아 복합체 III: 퀴논 내측에서 시토크롬 bc1기능 저해 다4

① **시아노이미다졸계**: 사이아조파미드

② **설폰아마이드계**: 아미설브롬

5) 산화적인산화 반응에서 탈공력제 다5: 전자가 복합체(I~IV)를 이동하며 발생시키는 H^+ 농도 구배 생성을 저해

① **디니트로아닐린계**: 플루아지남 등

② **기타**: 디노캅 등

6) ATP 생합성효소 저해 다6

① **유기주석제**: 펜틴 등 〔국내 등록 약제 없음〕

7) ATP 이동 저해 다7

① **실티오팜 등** 〔국내 등록 약제 없음〕

8) 미토콘드리아 복합체 III의 퀴논 외측 stigmatellin 기능 저해 다8

① **피리미딜아민계**: 아메톡트라딘 등

나 핵산 합성저해 가

RNA와 DNA로 알려진 유전물질인 핵산(nucleic acid)은 병원균의 번식과 생장에 매우 중요한 역할을 수행하고 있다. 미생물의 DNA는 이중나선형이 여러 차례 꼬인 형태의 실뭉치와 같은 구조를 갖고 있으며, 이를 활용하기 위해서는 꼬여있는 구조를 풀고, 결합된 이중 구조를 벌려서 단일사슬을 만든 후 필요한 부분을 복제한 뒤 사용하게 된다. 이 과정에서 DNA topoisomerase(DNA 토포이소메라제)는 꼬여있는 DNA 사슬을 풀어주는 역할을 수행하며, 아데노신 탈아민효소(adenosine deaminase)는 핵산의 여러 종류 중 퓨린 염기 생성에 관여하고, RNA 중합효소(RNA polymerase)는 DNA 염기서열로부터 RNA를 합성한다.

농약으로 알려진 물질의 작용기작은 RNA중합효소 저해, 아데노신 디아미나제 저해, 핵산합성 저해, DNA 토포이소메라제 저해 등이 있다.

1) RNA 중합효소 I 저해 가1

① **아실알라닌계**: 메탈락실, 베날락실-M 등

② **옥사졸리디논계**: 옥사딕실 등

2) 아데노신 디아미나아제(탈아민효소) 저해 가2

① **부피리메이트, 에티리몰 등** 〔국내 등록 약제 없음〕

3) 핵산(DNA/RNA) 합성 저해 가3

① **이속사졸계**: 하이멕사졸 등

4) DNA 토포이소메라제 가4

① **퀴노리논계**: 옥솔린산 등

다 세포분열(유사분열) 저해 나

세포분열 과정은 유전자의 배치와 복제 그리고 분열을 위한 복제유전자의 이동과 세포분열을 통한 분할로 구성된다. 이 과정에서 유전자의 복제 후 배치는 세포분열에서 가장 중요하다. 복제유전자의 이동과 배치는 액틴, 미오신, 피브린과 튜불린으로 구성된 미세소관(방추사)이 그 역할을 맡고 있으며, 스펙트린 단백질은 세포의 모양과 구조를 유지하는데 중요한 역할을 하고 있다.

농약으로 알려진 물질의 세포분열과 관련된 작용기작은 미세소관(베타-튜불린) 형성 저해, 세포분열 저해 작용, 스펙트린 단백질의 비편재화, 액틴/미오신/피브린의 기능 저해가 알려져 있다.

1) 미세소관(β-tubulin) 생성 저해

① **벤지미다졸계**: 카벤다짐, 베노밀 등 나1

② **티오파네이트계**: 티오파네이트 등 나1

③ **페닐카바메이트계**: 디에토펜카브 나2

④ **벤자마이드계**: 족사마이드 등 나3

⑤ **티아졸카복사마이드계**: 에타복삼 등 나3

2) 세포분열저해 나4

① **페닐우레아계(요소계)**: 펜사이큐론

3) 스펙트린 단백질 비편재화 나5

① **벤자마이드계**: 플루오피콜라이드 등

4) 미오신, 액틴, 피브린 기능저해 나6

① **시아노아크릴계 등** [국내 등록 약제 없음]

라 아미노산 및 단백질합성 저해 라

아미노산과 단백질은 세포구성의 핵심 물질로 알려져 있으며, 살균제에서 알려진 아미노산 생합성 저해는 메티오닌 합성저해 작용이 있다.

아미노산으로 구성된 단백질은 리보좀(ribosome)에서 만들어지며, 상세하게는 DNA로부터 전사된 mRNA정보를 바탕으로 tRNA를 사용하여 rRNA에서 생합성된다. 단백질 합성의 단계는 개시유전자가 rRNA에 부착하여 아미노산을 연결하는 개시 단계와 단백질을 본격적으로 합성하여 크기를 키워가는 신장 단계, 그리고 마무리 종결 단계로 구분할 수 있다.

1) 메티오닌 생합성 저해 라1

① **아닐리노피리미딘계**(피리미딘계): 메파니피림, 사이프로디닐, 피리메타닐 등

2) 단백질 합성 저해-신장 및 종결단계 라2

① **기타**(핵산유도체): 블라스티시딘-S

3) 단백질 합성 저해-개시기

① **헥소피라노실계**(항생제계): 가스가마이신 등 라3

② **글루코피라노실계**(항생제계): 스트렙토마이신 등 라4

4) 단백질 합성 저해 라5

① **테트라사이클린계**(항생제계): 옥시테트라사이클린 등

마 신호전달 저해 마

세포 단위의 미생물에서 신호전달은 외부환경에서 오는 신호(물질)를 막 단백질이 받아들여 작동하며, 삼투압 신호전달과 관련한 미토젠 활성단백질(Mitogen-Activated Protein, MAP) 기능 저해가 알려져 있다.

1) 삼투압신호전달 효소 MAP 저해

① **페닐피롤계**: 플루디옥소닐 등 마2

② **디카복시미드계**: 이프로디온, 프로사이미돈 등 마3

2) 작용기작 불명 마1

① **기타(아자나프탈렌계)**: 퀴녹시펜 〔국내 등록 약제 없음〕

바 지질생합성 및 막 기능 저해 바

세포막은 수용성과 지용성인자를 모두 포함하고 있는 인지질의 이중 층을 기반으로 스테롤과 막 단백질이 결합되어 구성된다. 따라서, 지질의 과산화, 지질 이중 층 교란 및 막 항상성 저해를 통해 세포막 기능을 교란할 수 있다, 인지질은 메틸전이효소(Methyltransferase)에 의해 포스파티딜 에탄올아민(Phosphatidyl ethanolamine)이 메틸화되어 생성된 포스파티딜 콜린(Phosphatidyl choline)으로부터 생합성되며, 이 과정이 살균제의 주요 작용점이 된다.

1) 인지질 생합성(메틸전이효소) 저해 바2

① **유기인계**: 이프로벤포스, 에디펜포스 등

② **유기유황계**: 아이소프로티올레인 등

2) 지질과산화 작용 바3

① **유기유황계**: 에트리디아졸

3) 세포막 기능 저해

① **세포막 투과성 저해**: 카바메이트계-프로파모카브 바4

② **세포막 기능 교란 미생물**: 생물농약-바실루스 서브틸리스 등 바6

③ **세포막 기능저해**: 도금양과 식물추출물 〔국내 등록 약제 없음〕 바7

4) 지질항상성, 이동, 저장 저해 등 상세 미분류 바9

① **이속사졸린계**: 옥사티아피프롤린

사 막 스테롤 생합성 저해 사

식물병원성 미생물의 세포막 스테롤은 동물이나 식물이 가진 스테롤과 다른 에르고스테롤(Ergosterol)이며, 살균제의 스테롤생합성 억제제는 대부분 에르고스테롤 생합성을 억제하여 EBI(Ergosterol Biosynthesis Inhibitor)계 저해제라고 불린다.

1) 탈메틸효소 기능 저해: 라노스테롤의 탈메틸화 억제 사1

① **피페라진계**: 트리포린 등

② **피리미딘계**: 페나리몰 등

③ **이미다졸계**: 트리플루미졸, 프로클로라즈

④ **트리아졸계**: 디니코나졸, 마이클로뷰타닐, 메트코나졸, 비터타놀, 사이프로코나졸, 시메코나졸, 테부코나졸 등

2) 이성질화효소 기능 저해: 디메틸-자이모스테롤 생합성 전환 저해 사2

① **모르포린계**: 알디모르프, 펜프로피모르프 등 〔국내 등록 약제 없음〕

3) 케토환원효소 기능 저해: 자이모스테롤 생합성 전환 저해 사3

① **아닐라이드**계: 펜헥사미드 등

4) 스쿠알렌 에폭시다제 기능 저해: 살균제로 등록된 약제 없음 사4

① **티오카바메이트계**: 피리부티카브(제초제로 등록됨)

아 세포벽 생합성 저해 아

진균류의 세포벽은 주로 셀룰로오스라 불리는 베타-글루칸과 키틴, 그리고 트레할로즈(trehalose)로 구성되어 있고, 이들의 생합성 억제 작용이 살균제의 주요 작용점이 된다.

1) 트레할라제 기능 저해: 트레할로즈로부터 포도당 생성 억제 아3

① **글루코피라노실계(항생제계)**: 발리다마이신

2) 키틴 생합성 억제 아4

① **피리미딜핵산계(항생제계)**: 폴리옥신류 등

3) 셀룰로오스 생합성 저해 아5

① **신나믹산계**: 디메토모르프

② **아미노산아미드카바메이트계**: 벤티아발리카브, 이프로발리카브

③ **카르복실산아미드계**: 만디프로파미드

자 세포막 멜라닌 생합성 저해 자

일부 진균류의 식물 세포 침입시 진균 내 삼투압을 높이는 방법으로 식물세포를 뚫어 침투하며, 이때 멜라닌을 사용한다. 이로 인해 멜라닌 생합성 저해는 병원균의 침투를 억제할 수 있는 중요한 작용점이 된다.

1) 환원효소 저해: 하이드록시나프탈렌에 대해 환원작용하는 효소의 기능 저해 자1

① **트리아졸계**: 트리사이클라졸

② **유기염소계**: 프탈라이드

2) 탈수소효소 기능 저해: 사이탈론 탈수소효소 저해 자2

① **시클로프로판 카복사미드계**: 카프로파미드

② **페녹시아미드계**: 페녹사닐

3) 폴리케티드 합성 저해: 멜라닌 생합성의 전구체인 폴리케티드 합성 저해 자3

① **톨프로카브 등** 〔국내 등록 약제 없음〕

차 기주 식물의 방어기작 유도 차

병원균이 침입한 부위는 과민반응을 통해 살리실산을 방출하고, 이로 유도 생성된 체내 항균물질(Phytoalexin)로부터 전신 획득저항성을 갖게 되어 병원균으로부터 자신을 보호하게 된다.

1) 신호전달물질로서 살리실산 역할제

① **벤조티아졸계(BTH)**: 아시벤졸라-S-메틸 차1

② **벤즈이소티아졸계**: 프로베나졸 차2

③ **티아디아졸카복사미드계**: 아이소티아닐, 티아디닐 등 차3

〔천연 화합물계 차4, 식물추출물계 차5, 미생물계 차6은 국내 등록 약제 없음〕

카 다점작용제 카

살균제의 작용점이 특정 작용기작에 제한되지 않고 다점에 작용하는 작용제로서 보호살균제로 사용되는 무기유황제, 무기구리제, 유기구리제 등이 있으며, 유기비소제는 국내 등록 약제가 없다.

① **무기유황제**: 황, 결정석회황 등

② **무기구리제**: 보르도액, 코퍼옥시클로라이드, 코퍼하이드록사이드 등

③ **유기구리제**: DBECD, 옥신코퍼, 프로클로라즈코퍼클로라이드 등

④ **디티오카바메이트계**: 만코제브, 메티람, 티람, 프로피네브

⑤ **프탈리미드**: 캡탄, 폴펫 등

⑥ **클로로나이트릴계**: 클로로탈로닐 등

⑦ **설파마이드계**: 톨릴플루아니드 등

⑧ **구아니딘계**: 이미녹타딘 등

⑨ **퀴논계**: 디티아논 등

핵심 내용 정리

1. 살균제의 작용점과 작용기작 분류 기호

- ◆ 호흡/에너지 생산 교란작용: 다
- ◆ 핵산 및 아미노산, 단백질 생합성 교란작용: 가 라
- ◆ 세포분열작용 교란작용: 나
- ◆ 신호전달 교란작용: 마
- ◆ 세포막 구성성분 생합성 및 기능 교란작용: 바 사 자
- ◆ 세포벽 생합성 교란작용: 아
- ◆ 기주식물 방어기작 유도: 차

기출 및 예상문제 살균제의 작용기작

1. 기출

트리아졸(Triazole)계 살균제의 작용특성에 대한 설명으로 옳은 것은?

① 호흡대사 저해
② 세포분열 저해
③ SH기 함유 효소 저해
④ ergosterol 생합성 저해

2. 기출

다음 농용 항생제가 아닌 것은?

① 클로로피크린(Chloropicrin)
② 블라스티시딘 에스(Blasticidin-S)
③ 카수가마이신(Kasugamycin)
④ 스트렙토마이신(Streptomycin)

3. 기출

보리 겉깜부기병의 종자소독에 가장 효과적인 약제는?

① 지네브(Zineb)제　② MAFA(neozin)제
③ 캡탄(captan)제　④ 카복신(carboxin)제

4. 기출

항생제 계통의 살균제인 streptomycin에 대한 설명으로 옳은 것은?

① 주로 벼의 도열병 방제용으로 살포된다.
② 저독성 약제로 세균성병 방제에 사용된다.
③ 살균기작은 SH효소에 의한 핵산합성 저해이다.
④ 수화제로 사용할 경우 주로 streptomycin 80%, 기타 증량제 20%로 희석하여 사용한다.

5. 기출

Kasugamycin 및 Streptomycin과 같은 살균제의 작용기작은?

① 호흡 저해　② 단백질 합성 저해
③ 세포벽 형성 저해　④ 세포막 형성 저해

6.

보호살균제이면서 디티오카바메이트계 살균제는?

① 보르도액　② 디티아논
③ 만코제브　④ 옥신코퍼

7.

유기인계 살균제로 도열병방제에 효과적인 이프로벤포스의 작용기작은?

① 세포막 투과성 저해
② 키틴생합성 저해
③ 멜라닌 생합성 저해
④ 인지질 생합성 저해

8.

EBI계통 저해제가 아닌 것은?

① 페녹사닐 ② 디니코나졸
③ 마이클로뷰타닐 ④ 프로클로라즈

9.

티플루자마이드, 카복신, 아족시스트로빈의 작용기작은?

① 스테롤 생합성 억제
② 세포분열 억제 및 교란
③ 호흡(에너지생산) 저해
④ 멜라닌 생합성 저해

10.

폴리옥신D의 작용기작은?

① 미생물내 신호전달 저해
② 세포벽 생합성 저해
③ 기주식물 저항성 증대
④ 디티오카바메이트계

11.

살균제의 작용기작과 분류기호를 바르게 짝지은 것은?

① 막스테롤 생합성 저해 - 아2
② 지질과산화 작용 - 바3
③ 아미노산 생합성 저해 - 가2
④ 세포분열저해 - 라1

12. 기출

디페노코나졸에 관한 설명으로 옳은 것은?

① 인지질 생합성을 교란한다.
② 광합성 명반응을 교란한다.
③ 곤충의 키틴 합성을 억제한다.
④ 세포막 스테롤 생합성을 교란한다.
⑤ 유기인계 농약으로 항균활성을 갖는다.

13. 기출

호흡과정 저해와 관련된 농약의 작용기작 설명이 옳지 않은 것은?

① Alachlor은 대표적인 호흡과정 저해제이다.
② 살충제 작용기작 분류기호 '20a'와 관련된다.
③ 살균제 작용기작 분류기호 '다1'과 관련된다.
④ 전자전달을 교란하거나 ATP 생합성을 억제한다.
⑤ 미토콘드리아 막단백질 복합체의 기능을 교란한다.

14. 기출

여러 가지 수목병에 사용되는 살균제인 마이크로뷰타닐과 테부코나졸의 작용기작은?

① 스테롤합성 저해, 스테롤합성 저해
② 단백질합성 저해, 단백질합성 저해
③ 지방산합성 저해, 지방산합성 저해
④ 스테롤합성 저해, 단백질합성 저해
⑤ 지방산합성 저해, 스테롤합성 저해

15. 기출

살균제 작용기작 기호 사1에 대한 설명으로 옳지 않은 것은?

① 처리농도를 높였을 때 식물의 생장을 억제한다.
② 디페노코나졸, 헥사코나졸, 테부코나졸 등이 등록되어 있다.
③ 세포막 구성성분인 인지질의 생합성을 저해하는 약제이다.
④ 벚나무 갈색무늬구멍병 잎에 발생하는 진균병에 효과적이다.
⑤ 침투이행성으로서 예방제이나, 일부는 치료제 효과를 나타낸다.

16. 기출

농약 작용기작 표시기준에 따른 테부코나졸 기호는?

① 다6 ② 사1 ③ la
④ 9b ⑤ C1

17.

아래의 농약이 갖는 작용기작은 무엇인가?

아시벤졸라-S-메틸 프로베나졸 아이소티아닐

① 멜라닌 생합성을 억제한다.

② 호흡(에너지)대사를 억제한다.

③ 세포분열을 저해한다.

④ 인지질생합성을 억제한다.

⑤ 기주식물의 방어기작을 유도하여 병 저항성을 증가시킨다.

18.

살균제 스트렙토마이신에 관한 설명으로 올바른 것은?

① 항생제계 성분으로 세균성 병 방제에 효과적이다.

② 인지질생합성을 억제한다.

③ 멜라닌생합성을 억제하여 보호살균제로 사용된다.

④ 마이크로튜불린 생성을 교란한다.

⑤ 세포신호전달 교란작용을 나타낸다.

19.

살균제의 호흡저해 작용제에 관한 설명으로 올바르지 않은 것은?

① 작용기작 '다2'가 포함된다.

② 미토콘드리아 막에서 일어나는 전자전달계를 교란한다.

③ ATP 생합성을 억제한다.

④ 해당과정과 연계하여 에르고스테롤생합성을 억제한다.

⑤ 플루아지남, 아미설브롬의 작용기작이다.

◆ 정답 및 해설: 177쪽

2. 살충제의 작용기작

살충제는 곤충과 응애의 특이적인 생리작용을 교란하도록 설계된 성분들로서 약제의 주요 작용점은 ① 신경계, ② 해충의 성장 및 발달과정 저해, ③ 소화기계, ④ 호흡(에너지) 저해 등이 알려져 있다. 이외에도 기생 미생물을 활용하기도 한다.

가 신경작용제

곤충의 신경 신호전달은 시냅스라 불리는 공간에서 분비된 신경전달물질인 아세틸콜린이 신호전달물질 수용체와 결합하면서 신경신호를 증폭하고 전달하게 되며, 분비된 아세틸콜린은 신호전달 후 아세틸콜린에스터라제(아세틸콜린 가수분해효소)에 의해 소멸된다.

아세틸콜린은 Na^+(소듐이온) 이온통로를 개방하여 신경세포 내 양이온 구배를 만들고, 이에 따라 신경축삭에 위치하고 있는 양이온 통로를 순차적으로 개방하면서 전기적 신호를 전달하게 된다. 이러한 신호전달을 교란하기 위해서는 ① 아세틸콜린가수분해효소 저해 ② 아세틸콜린 수용체 저해/활성화 ③ 신경축삭의 Na^+통로 교란 ④ 양이온 농도 구배를 상쇄하기 위한 염소이온(Cl^-) 통로 교란 ⑤ 옥토파민, 라이아노딘 등 신경전달물질 수용체 교란 등이 알려져 있다.

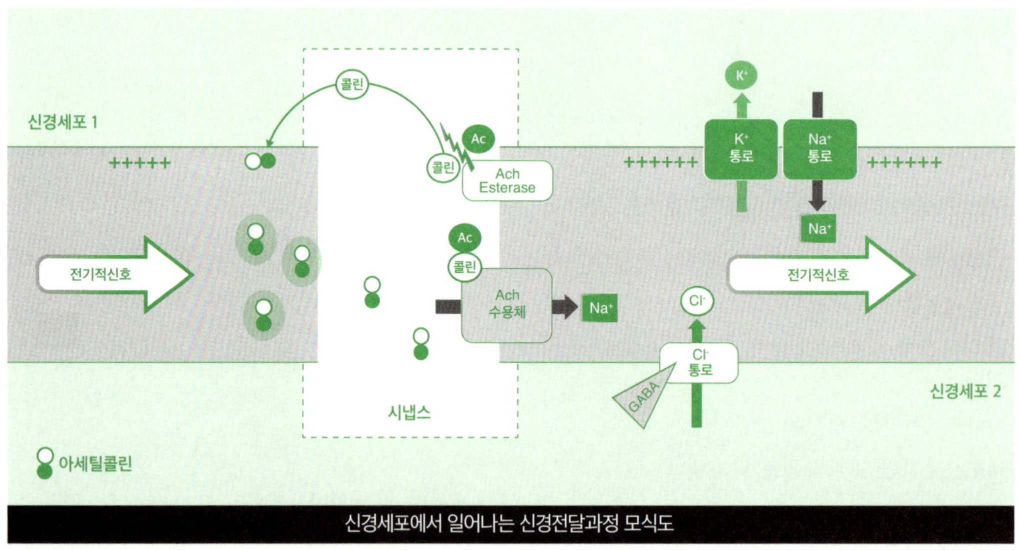

신경세포에서 일어나는 신경전달과정 모식도

1) 아세틸콜린에스터라제(아세틸콜린가수분해효소) 기능 저해 1

신호전달물질인 아세틸콜린과 구조적으로 유사한 물질로 아세틸콜린가수분해 효소를 저해하여 과잉 신호전달을 유도함으로서 살충 작용을 한다.

① **카바메이트계**: 메티오카브, 벤퓨라카브, 카바릴, 카보설판 티오디카브, BPMC 등 1a

② **유기인계**: 다이아지논, 아세페이트, 에토프로포스, 터부포스, 폭심, 포레이트 등 1b

2) 신경전달물질 수용체 차단 4

신경전달물질 수용체의 아세틸콜린 결합 부위에 강하게 결합하여 이온통로를 활성화하며 아세틸콜린의 결합을 차단한다.

① **네오니코티노이드계**: 디노테퓨란, 아세타미프리드, 이미다클로프리드, 티아클로프리드 등 4a

② **니코틴** 4b

③ **설폭시민계**: 설폭사플로르 4c

④ **부테놀라이드계**: 플루피라디퓨론 4d

⑤ **메소이온계**: 트리플루메조피람 4e

3) 신경전달물질 수용체 기능 활성화

신호전달물질인 아세틸콜린 결합을 강화하여 분리되지 못하도록 함으로써 신호의 지속 발생을 유도한다.

① **스피노신계**: 스피네토람, 스피노사드 등 5

4) 신경전달물질 수용체 통로 차단

신경전달물질 수용체에 결합하여 Na^{+} 이온통로를 차단함으로써 신호전달을 중단시킨다.

① **네레이스톡신계**: 카탑, 벤설탑 등 14

5) GABA의존형 염소이온통로 억제

신호조절물질인 GABA(감마-아미노부탄산)에 의해 활성화되는 염소이온통로를 억제하여 신호 과잉 상태를 만든다.

① **유기염소 시클로알칸계**: 엔도설판 등 〔국내 등록 약제 없음〕 2a

② **페닐피라졸계**: 피프로닐, 에티프롤 등 2b

6) 염소통로 활성화

글루타민산 의존형 염소이온 통로를 활성화하여 과분극에 의한 신경마비를 유발한다.

① **아바멕틴계**: 아바멕틴, 에마멕틴, 밀베멕틴, 레피멕틴 등 6

7) Na이온 통로 조절

신경축삭의 Na^{+}통로를 개방상태로 유지하여 신경신호를 교란한다.

① **합성피레스로이드계**: 델타메트린, 비펜트린, 감마사이할로트린, 에토펜프록스 등 3a

② **DDT, 메톡시클로르** 〔국내 등록 약제 없음〕 3b

8) 전위의존 Na이온 통로 차단

전위의존 Na이온 통로를 차단하여 Na이온 유입을 막아 신경신호를 교란한다.

① **옥사디아진계**: 인독사카브 등 22a

② **세미카르바존계**: 메타플루미존 등 22b

9) 신경신호전달 관련 기타 작용점

① **현음기관 TRPV통로 조절**: 곤충의 소리 감응 신경세포인 현음기관의 양이온 통로인 TRPV 통로를 조절하여 신경신호를 교란한다.

- 피리딘아조멕틴계 9b

② **옥토파민 수용체 기능 활성화**: 옥토파민 수용체에 결합하여 과도한 흥분을 유발한다.

- 아미트라즈 19

③ **라이아노딘 수용체 조절**: 신경-근육 연접부위에서 칼슘이온(Ca^{2+}) 방출을 조절하는 신호전달물질인 라이아노딘의 수용체에 결합하여 과도한 근육수축을 유발한다.

- 디아마이드계: 사이안트라닐리프롤, 클로란트라닐리프롤, 플루벤디아마이드 등 28

나 해충의 발달과정 저해 작용제

해충의 성장과 발달과정에서 가장 중요한 작용은 변태와 관련한 생리작용들이며, 이의 작용을 조절하는 약제를 IGR(Insect Growth Regulator)계 농약으로 부르고 있다. 이들 약제의 작용에는 유약호르몬과 탈피호르몬 모사체들과 곤충의 피부를 구성하는 키틴과 지질생합성을 저해하는 약제들이 알려져 있다.

1) 유약호르몬 작용제

유약호르몬(Juvenile hormone)은 유충을 성장시키고 변태 과정을 억제하여 해충의 정상적 발달억제, 불완전 용화, 불임화 등을 유발한다.

① **유약호르몬 유사체** 7a

② **페녹시카브** 〔국내 등록 약제 없음〕 7b

③ **유약호르몬 유사체**: 피리프록시펜 7c

2) 탈피호르몬 수용체 기능 활성화

탈피호르몬인 엑디손(Ecdysone) 수용체에 결합하여 비정상적인 탈피를 촉진한다.

① **디아실하이드라진계**: 메톡시페노자이드, 크로마페노자이드, 테부페노자이드 등 18

3) 키틴합성 저해

표피 구성성분인 키틴의 합성을 저해하여 살충작용을 나타낸다.

① **0형 키틴 합성 저해**: 키틴의 생합성 단위체인 UDP-NAG 이동 저해

- 벤조일요소계: 노발루론, 디플루벤주론, 플루페녹수론 등 15

② **I형 키틴 합성 저해**: 키틴-UDP-NAG 전이효소 저해

- 티아디아진계: 뷰프로페진 등 16

③ **파리목 해충 탈피 저해**: 키틴대사와 관련된 것으로 추정

- 트리아진계: 사이로마진 등 17

4) 응애류 생장 저해

작용점은 불분명하나 알 부화와 약충의 성장에 관여하는 것으로 알려져 있다.

① **클로펜테진, 헥시티아족스** 10a

② **옥사졸린계**: 에톡사졸 10b

5) 지질생합성 저해

곤충 체내 지질생합성 효소인 acetyl CoA carboxylase(ACCase) 기능을 저해하여 살충 작용을 나타낸다.

① **테트론산 및 테트람산계**: 스피로디클로펜, 스피로메시펜, 스피로테트라멧 등 23

다 소화기계 작용제

1) 미생물에 의한 중장 세포막 파괴

Bacillus turingiensis(BT)라고 하는 세균이 분비하는 독성단백질(엔도톡신)에 의해 나방류의 소화 중장 세포막이 파괴되어 살충작용을 나타낸다.

① **BT 독성단백질** 11a

② **BT 아종의 독성단백질**: BT아이자와이, BT쿠르스타키 등 아종 혹은 유래 단백질 11b

라 호흡(에너지) 저해 작용제

세포 내 소기관인 미토콘드리아의 내막에서 일어나는 호흡을 통해 에너지(ATP)가 만들어지며, 이 과정에는 미토콘드리아 단백질 복합체 I, II, III, IV의 작용에 의해 생성된 수소이온(H^+) 농도 구배와 이를 활용한 ATP생합성효소의 작용이 필요하다.

1) 미토콘드리아 ATP합성효소 저해

미토콘드리아 단백질 복합체 I, II, III, IV의 작용으로 발생한 수소이온 구배에 의해 활성화된 ATP생합성효소의 산화적 인산화과정을 저해하여 ADP로부터 ATP생합성을 억제한다.

① **디아펜티우론** [국내 등록 약제 없음] 12a

② **유기주석계**: 사이헥사틴, 아조사이클로틴, 펜뷰타틴옥사이드 등 12b

③ **아유산에스텔계**: 프로파자이트 12c

④ **유기유황계**: 테트라디폰 등 12d

2) 수소이온 구배형성 저해 13

미토콘드리아 막의 전자전달계 단백질 복합체(I-IV)의 작용으로 H^+이 막공간으로 이동하여 수소이온 농도 구배를 형성 하는 것을 저해한다.

① **피롤계**: 클로르페나피르 등

② **디니트로페놀계**: DNOC 〔국내 미등록〕

③ **설플루라미드계**: 설플루라미드 〔국내 미등록〕

3) 전자전달계 단백질 복합체 기능 저해(Mitochondria Electron Transport Inhibitor, METI)

① **전자전달계 단백질 복합체 I 저해**: NADH dehydrogenase 기능 저해

- 피리다벤(피리다지논계), 페나자퀸(퀴나졸린계), 테부펜피라드(피라졸계), 펜피록시메이트(페녹시피라졸계) 등 21a
- 로테논 21b

② **전자전달계 단백질 복합체 II 저해**: Succinate dehydrogenase 기능 저해

- 베타-케토니트릴유도체: 사이플루메토펜(벤조일아세토니트릴계), 사이에노피라펜(아크릴로니트릴계) 등 25a
- 카복시닐라이드계: 피플루뷰마이드 25b

③ **전자전달계 단백질 복합체 III 저해**: 시토크롬 bc1 기능 저해

- 하이드라메틸논 〔국내 등록 약제 없음〕 20a
- 나프토퀴논계: 아세퀴노실 20b
- 플루아크리피림 20c
- 카바제이트계: 비페나제이트 20d

④ **전자전달계 단백질 복합체 IV 저해**: 시토크롬 c 산화효소 기능 저해

- 인화물계: 마그네슘포스파이드, 알루미늄포스파이드, 포스핀 등 24a
- 시안화물계 〔국내 등록 약제 없음〕 24b

마 기타 작용제

1) 피막형성형 살충제

피막을 형성하여 질식시키는 것으로 추정되는 기계유, 파라핀오일 등이 있다. 살충용 광유는 점도, 비등점(끓는점), 설폰가(Sulpon value)*, 응고작용 등 물리적 성질을 중심으로 평가한다.

* 설폰가란, 불포화 탄화수소의 양을 표시하는 단위로 광유의 정제도를 나타낸다.

2) 해충 기생 미생물 살충제

해충에 기생하는 미생물로 뷰베리아 바시아나(*Beauveria bassiana*), 패실로마이세스 퓨모소로세우스(*Paecilomyces fumosoroseus*), 모나크로스포리움 타우마시움(*Monacrosporium thaumasium*) 등

- *Bacillus poplliae, Bacillus lentimorbus*(풍뎅이 기생균류, 풍뎅이 방제)
- *Bacillus charingiensis*(나비목 소화중독제)
- *Bacillus moritai*(파리류 방제)

핵심 내용 정리

2. 살충제의 작용점과 작용기작 분류기호

◆ 신경계 교란작용: 1 2 3 4 5 6 9 14 19 22 28

◆ 해충 발달과정 교란작용: 7 10 15 16 17 18 23

◆ 소화기계 작용: 11

◆ 호흡/에너지 대사 교란작용: 12 13 20 21 24 25

기출 및 예상문제 살충제의 작용기작

1. 기출

곤충을 질식시켜 치사시키는 물리적 작용을 갖는 살충제는?

① 기계유 유제 ② 피레스 유제
③ 에이카롤 유제 ④ 밀베멕틴 유제

2. 기출

농약의 작용기작에 의한 분류 중 Parathion이 속하는 분류는?

① 에너지대사 저해 ② 호르몬 기능 교란
③ 생합성 저해 ④ 신경기능 저해

3. 기출

주로 접촉제 및 소화중독제로서 작용하며 벼의 이화명나방에 적용되는 유기인제는?

① DDVP ② Ethoprophos
③ Fenitrothion ④ Imidacloprid

4. 기출

Pyrethrin 살충제의 주요 살충기작은?

① 원형질독 ② 호흡독
③ 근육독 ④ 신경독

5. 기출

피레스로이드(Pyrethroid)계 살충제의 특성에 대한 설명으로 틀린 것은?

① 간접접촉제로서 곤충의 기문이나 피부를 통하여 체내에 들어가 근육마비를 일으킨다.
② 온혈동물, 인축에는 저독성이며 곤충에 따라 살충력이 강하다.
③ 중추신경계나 말초신경계에 대하여 매우 낮은 농도에서 독성작용을 일으키는 신경독성화합물이다.
④ 고온보다 저온상태에서 약효발현이 잘 된다.

6.

*Bacillus turingiensis*에서 유래한 독소단백질의 작용기작은?

① 신경작용제 ② 중장 세포막 파괴
③ 호흡(에너지생산)저해 ④ IGR계 작용제

7.

클로펜테진과 에톡사졸의 작용기작은?

① 지질생합성 저해
② 신경전달물질 수용체 교란
③ 응애류 생장저해
④ 유약호르몬 유사체

8.

다음 살충제 중 키틴합성 저해작용제는?

① 클로르페나피르 ② 디플루벤주론
③ 설폭사플로르 ④ 니코틴

9.

다음 중 신경 작용제가 아닌 것은?

① 피리다벤 ② 이미다클로프리드
③ 델타메트린 ④ 카탑

10.

신경작용제로 최근 꿀벌 행동장애 독성이 문제가 되어 유럽 등에서 사용금지된 농약 성분이 아닌 것은?

① 클로티아니딘 ② 티아메톡삼
③ 니코틴 ④ 이미다클로프리드

11.

다음 중 살충제의 작용기작 기호는?

① 가1 ② 4자
③ 4d ④ H12

12. 기출

살충제의 유효성분과 작용기작의 연결로 옳지 않은 것은?

① Bt 엔도톡신 - 해충의 중장 파괴
② 페니트로티온 - 아세틸콜린가수분해효소 저해
③ 디플루벤주론 - 전자전달계 복합체 II 저해
④ 밀베멕틴 - 신경세포의 염소이온통로 교란
⑤ 카탑 하이드로클로라이드 - 아세틸콜린 수용체 통로차단

13.

키틴합성저해 기작을 가진 농약의 계통은?

① 피레트린계 ② 네오니코티노이드계
③ 벤조일우레아계 ④ 아바멕틴계
⑤ 네레이스톡신계

14.

미국흰불나방 방제약으로 사용하는 '메타플루미존'의 작용기작에 대한 설명으로 올바른 것은?

① IGR계 농약으로 Cl^-통로를 차단한다.

② 미토콘드리아의 단백질 복합체 기능을 저해한다.

③ 전위의존형 Na^+통로를 차단한다.

④ GABA의존형 염소이온 통로를 교란한다.

⑤ 번데기화에 관련된 호르몬 기능을 교란한다.

15. 기출

신경 및 근육에서의 자극 전달 작용을 저해하는 살충제에 해당하지 않는 것은?

① 비펜트린(3a)
② 아바멕틴(6)
③ 디플루벤주론(15)
④ 페니트로티온(1b)
⑤ 아세타미프리드(4a)

16. 기출

솔껍질깍지벌레의 후약충 발생 초기에 살충제 작용기작 기호 4a(네오니코티노이드계)를 나무주사하려고 한다. 이에 해당하는 약제는?

① 다이아지논 입제

② 페니트로티온 수화제

③ 람다사이할로트린 수화제

④ 에마멕틴벤조에이트 미탁제

⑤ 이미다클로프리드 분산성액제

17. 기출

곤충의 신경전달과정에서 아세틸콜린에스테라아제의 작용을 저해하는 살충제가 아닌 것은?

① 카바릴
② 비펜트린
③ 카보퓨란
④ 페니트로티
⑤ 클로르피리포스

18. 기출

아세페이트 캡슐제의 작용기작으로 표시된 1b의 의미는?

① Na 이온 통로 변조

② 라이아노딘(ryanodine) 수용체 변조

③ GABA(γ-aminobutyric acid) 의존성 Cl 이온 통로 차단

④ 아세틸콜린에스테라제(acetylcholinesterase, AChE) 저해

⑤ 니코틴(nicotine) 친화성 ACh 수용체(nicotine acetylcholine receptor, nAChR)의 경쟁적 변조

19. 기출

곤충의 키틴 합성을 저해하여 탈피, 용화가 불가능하게 하므로 살충효과를 나타내는 계통은?

① 유기인계
② 카바메이트계
③ 디아마이드계
④ 벤조일우레아계
⑤ 피레스로이드계

20. 기출

다음 중 키틴합성을 저해하는 살충제는?

① 뷰프로페진
② 카바메이트계
③ 니코틴
④ 아바멕틴계
⑤ 피리프록시펜

21. 기출

아바멕틴의 농약 성분별 작용기작 분류 표시기호는?

① 6
② C1
③ 가1
④ A
⑤ 아3

22. 기출

피레스로이드계 살충제의 작용기작은?

① acetylcholinesterase 활성 저해
② 시냅스 후막의 신경전달물질 수용체 저해
③ 신경축색 전달 저해
④ 키틴합성 저해
⑤ SH기를 가진 효소의 활성 저해

23. 기출

다음 중 작용기작이 다른 살충제는?

① 히드라메틸논
② 아세퀴노실
③ 플루아크리피림
④ 비페나제이트
⑤ 사이로마진

◆ 정답 및 해설: 178쪽

3. 제초제의 작용기작

수목이나 작물과 동일한 생리를 갖는 잡초나 잡목의 제거에 사용되는 제초제는 살균제 및 살충제와의 작용점 차이는 분명히 나타나지만, 높은 선택성을 확보하지 못한 약제는 작물에 대한 약해를 수반한다. 이에 따라 제초제의 선택성은 사용 시기, 처리 부위, 잡초의 종류에 따라 달라질 수 있다.

제초제의 주요 작용점은 ① 광합성 기능 및 구성물질 생합성 저해, ② 생장조절 교란, ③ 아미노산 및 지질 생합성 저해, ④ 세포분열 저해 작용 등이 알려져 있다.

가 광합성 기능 및 구성물질 생합성 저해

식물은 엽록체에서 680~700㎚의 빛을 활용하여 광합성 작용을 일으키며, 이 작용으로 이산화탄소가 당으로 전환된다. 광합성이 일어나는 엽록체는 틸라코이드로 불리는 세포 소기관의 막에서 빛을 이용하는 명반응, 이후 스트로마에서 암반응이 진행되면 최종적으로 산소와 당을 생산한다.

엽록체에서 빛을 받아 광합성 개시를 수행하는 광 수용체는 엽록소라 불리는 클로로필이 있으며, 이와 함께 광합성 과정에서 발생한 활성산소 등을 제거하고 광합성 조직의 건

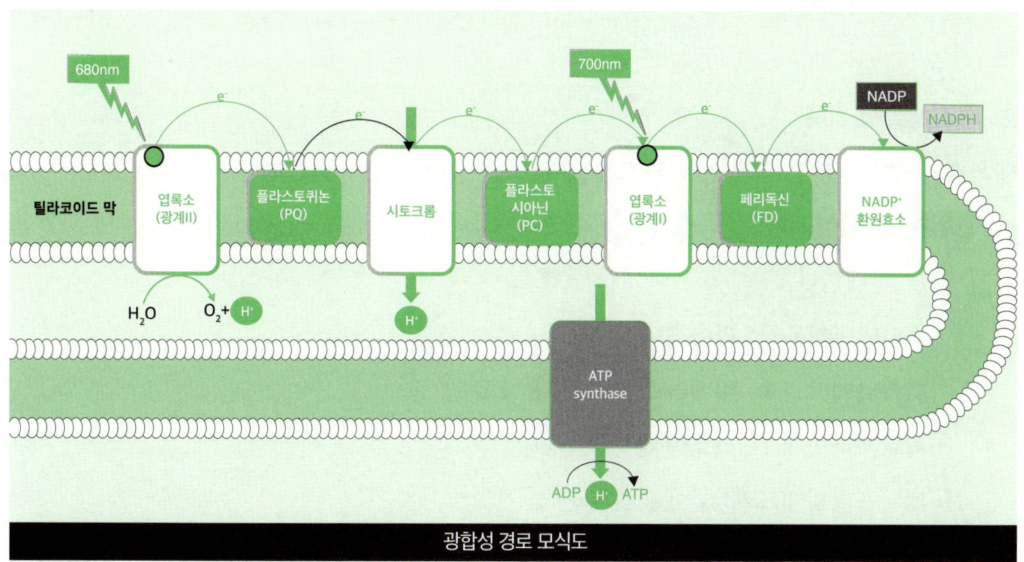

광합성 경로 모식도

전성 유지에 활용되는 카로테노이드 색소는 엽록체 구성의 필수 요소다.

제초제의 광합성 관련 작용제는 엽록체에서 진행되는 광합성 과정 중 명반응 과정의 전자전달을 교란하거나 엽록체 구성성분인 클로로필과 카로테노이드 생합성을 억제하는 약제들이 알려져 있다.

1) 광합성 저해

광합성 명반응 중 680nm의 빛으로 개시되는 광화학계 II의 전자전달과정을 교란하거나, 700nm의 빛에 의해 활성화 되는 광화학계 I의 전자전달 과정을 교란한다.

① 광화학계 II 저해 H05

- 트리아진계: 시마진, 시메트린, 디메타메트린 등
- 트리아지논계: 헥사지논, 메타미트론 등 〔국내 등록 약제 없음〕
- 요소계: 리뉴론 등 〔헥사지논-산림용〕
- 아미드계: 프로파닐 등

② 광화학계 II 저해 H06

- 벤조치아디아지논계: 벤타존 등

③ 광화학계 I 저해 H22

- 비피리디늄계: 파라콰트, 디콰트 등 〔국내 등록 농약 없음, 다이콰트-작물건조제로 사용되었음〕

2) 색소 생합성 저해

엽록체의 구성성분인 엽록소와 카로테노이드 등의 생합성을 저해한다.

① 엽록소 생합성 저해 H14: 엽록소 생합성 과정의 protoporphyrinogen oxidase(PPO)의 활성을 저해한다.

- 피리미딘디온계: 티아페나실 등
- 디페닐에테르계: 비페녹스, 옥시플루오르펜 등
- 페닐피라졸계: 피라플루펜-에틸 등
- 페닐프탈라미드계: 플루미옥사진 등
- 티아디아졸계: 플루티아셋-메틸 등

- 옥사디아졸계: 옥사디아존, 옥사디아길 등
- 옥사졸리딘계: 펜톡사존 등
- 트리아졸리논계: 카펜트라존-에틸 등

② **카로테노이드 생합성 저해(PDS 저해)** H12: Phytoene에서 cartotene으로 전환하는 PDS 효소를 저해한다.
- 플루리돈 등 〔국내 등록 약제 없음〕

③ **카로테노이드 생합성 저해(HPPD 저해)** H27: 토코페롤 생합성과정의 HPPD 효소를 저해한다.
- 벤조일시클로헥산디온계: 테퓨릴트리온 등
- 비사이클로옥탄계: 벤조비사이클론 등
- 트리케톤계: 메소트리온 등
- 피라졸계: 피라졸리네이트 등

④ **카로티노이드 생합성 저해(DXPS 저해)** H13: 1-Deoxy-D-xylulose-5-phosphate(DXP) 생합성 효소인 DXP 생합성효소를 저해한다.
- 이속사졸리디온계: 클로마존 등

나 생장조절 교란

식물 생장 호르몬인 옥신(IAA) 기능을 교란하여 사멸을 유도하는 작용기작으로 IAA 유사 작용제와 옥신 이동 저해작용제가 알려져 있다.

1) **IAA 유사 작용** H04: 합성 옥신류로서 유효농도보다 낮은 저농도에서는 생장촉진 효과가 나타날 수 있어, 비산, 강우 유실 등으로 인해 인접 지역 약해 발생의 잦은 원인이 된다. 〔광엽잡초 선택성 제초제〕

① **페녹시계**: 2,4-D, MCPB, MCPA 등 〔인축 및 어독성이 낮다〕

② **벤조산계**: 디캄바 등

③ **피리딘계**: 트리클로피르 등

④ **아릴피콜리네이트계**: 플로르피록시펜 등

2) 옥신 이동 저해 H19

① **넵타람, 디플루벤조피르 등** 〔국내 등록 약제 없음〕

다 아미노산 생합성 저해

단백질 구성성분인 아미노산 중 분지(가지사슬) 아미노산과 방향족 아미노산, 글루타민 생합성을 저해하는 작용제가 알려져 있다.

1) 분지(가지사슬) 아미노산 생합성 저해 H02: Acetolactate 생합성에 관여하는 ALS 효소기능을 저해한다.

① **설포닐우레아계**: 벤설퓨론-메틸, 니코설퓨론, 피라조설퓨론-에틸, 이마조설퓨론 등 〔광엽잡초 선택성이 높다〕

② **이미다졸리논계**: 이미자퀸 등

③ **피리미딜벤조산계**: 비스피리박, 피리미노박, 피리벤족심 등

④ **트리아조피리미딘계**: 페녹술람 등

2) 방향족 아미노산 생합성 저해 H09: 페닐알라닌 등 방향족 아미노산 생합성기작의 핵심효소인 EPSP 생합성 효소의 작용을 저해한다.

① **글리신계**: 글리포세이트 등 〔비선택성 제초제, 경엽살포〕

3) 글루타민 생합성 저해 H10: 아미노산의 일종인 글루타민의 생합성효소 저해한다.

① **포스피닉산계(인산계)**: 글루포시네이트 등

라 지방산(지질) 생합성 저해

지방산(지질) 생합성 과정에는 초기단계에서 Malonyl-CoA 생합성에 관여하는 ACCase를 저해하거나 장쇄지방산 생합성 효소(Elongase) 저해 혹은 Fatty acid-CoA에서 Fatty acid로 전환하는 티오에스터레이즈(Thioesterase) 저해작용이 있다.

1) ACCase 저해 H01

① **시클로헥사디온계**: 클레토딤, 세톡시딤, 프로폭시딤 등

② **아릴옥시페녹시프로판산계**: 할록시포프, 메타미포프, 플루아지포프, 디클로포프 등

〔화본과 잡초방제 선택성이 높다〕

2) 장쇄지방산 생합성 저해 H15

① **클로로아세타미드계**: 알라클로르, 메타자클로르, 부타클로르 등

② **티오카바메이트계**: 몰리네이트, 티오벤카브, 에스프로카브 등

③ **옥시아세타미드계**: 메페나셋 등

④ **아조릴카복사마이드계**: 펜트라자마이드 등

3) 티오에스터레이즈(TE) 저해 H30

① **벤질에테르계**: 신메틸린, 메티오졸린 등

마 엽산 생합성 저해

Coenzyme 구성의 핵심성분인 엽산의 생합성 작용 중 DHP(dihydropteroate) 생합성효소를 저해한다.

1) DHP 생합성 저해 H18

- 아슐람 등

바 세포벽(셀룰로오스) 생합성 저해

세포벽 구성성분인 셀룰로오스의 생합성을 저해한다.

1) 셀룰로오스 생합성 저해 H29

① **알킬아진계**: 인다지플람 등

② **니트릴계**: 디클로베닐 등

③ **아미드계**: 아이속사벤 등

④ **트리아졸카복사마이드계**: 플루폭삼 등

사 세포분열 저해

세포분열 과정의 미소관 조합을 저해하거나 유사분열을 저해한다.

1) 미소관 조합 저해 H03

① **디니트로아닐린계**: 부트랄린, 오리잘린, 트리플루랄린, 펜디메탈린 등

② **피리딘계**: 디티오피르 등

2) 유사분열 저해 H23

① **카바메이트계**: 클로르프로팜 등

아 에너지 대사 저해

미토콘드리아의 에너지 대사를 저해하는 작용제로 DNOC 등이 알려져 있으나, 국내 등록 약제는 없다.

핵심 내용 정리

3. 제초제의 작용점과 작용기작 분류기호

- ♦ 광합성관련 교란작용: H05 H06 H12 H13 H14 H22 H27
- ♦ 생장조절 호르몬관련 교란작용: H04 H19
- ♦ 아미노산, 지질 생합성 등 대사 교란작용: H01 H02 H09 H10 H15 H18 H30
- ♦ 세포벽 생합성 및 세포분열 교란작용: H29 H03 H23

기출 및 예상문제 제초제의 작용기작

1. 기출

다음 중 생장 조정제로 사용할 수 있는 것은?

① Oxadiazon ② Butachor
③ Molinate ① 2,4-D

2. 기출

제초제의 살초기작이 아닌 것은?

① 신경전달 저해 ② 광합성 저해
③ 에너지생성 저해 ④ 세포분열 저해

3. 기출

제초제의 일반 특성에 대한 설명으로 틀린 것은?

① Phenoxy계 제초제는 옥신작용을 갖고 있다.
② Azole계는 무기화합물 제초제이다.
③ Phenoxy계 제초제는 인축 및 어패류에 대한 독성이 낮다.
④ Dicamba 등 benzoic acid계 제초제는 작물체 내에서 안정성이 높은 편이다.

4. 기출

제초제의 살초작용에 대한 설명으로 틀린 것은?

① 식물체의 제초제 흡수는 일반적으로 뿌리나 잎, 줄기를 통해 흡수된다.
② 잎을 통한 흡수는 극성과 무관하게 cellulose, pectin, wax의 순으로 흡수된다.
③ 식물의 잎을 통한 흡수는 대부분 잎의 표면을 통해 이루어진다.
④ 제초제의 식물체 내로의 침투정도는 제초제의 극성 정도에 따라 영향을 받는다.

5. 기출

제초제 DCMU wp(Diuron)에 대한 설명으로 틀린 것은?

① 요소계 제초제이다.
② 토양처리효과가 크다.
③ 포유동물에 대한 독성은 낮다.
④ 호르몬형의 접촉형 제초제이다.

6.

광합성저해 작용제에 대한 설명으로 잘못된 것은?

① 미토콘드리아의 엽록체에서 전자전달을 교란한다.

② 요소계 리뉴론은 광합성 명반응 저해제이다.

③ 파라콰트은 광화학계 I에 작용하여 살초작용을 유도한다.

④ 트리아진계 시마진은 광화학계 II 작용저해제이다.

7.

지방산 생합성과정의 ACCase 저해제이면서 화본과 잡초 방제에 선택성이 높은 제초제는?

① 2,4-D ② 글리포세이트

③ 글루포시네이트 ④ 세톡시딤

8.

색소합성저해제의 작용기작과 약제의 연결이 잘못된 것은?

① 엽록소 생합성 PPO 저해 - 비페녹스

② 카로테노이드 생합성 HPPD 저해 - 메소트리온

③ 카로테노이드 생합성 EPSP 저해 - 글리포세이트

④ 엽록소 생합성 저해 - 티아페나실

9.

옥신작용제에 대한 설명이 아닌 것은?

① 페녹시계 제초제인 디캄바가 있다.

② 광엽잡초 방제가 가능하다.

③ 화본과 잡초의 선택적 방제에 사용된다

④ 기형 증상을 나타내며 고사시킨다.

10.

글루타민 생합성 저해제로 비선택성 제초제는?

① 트리클로피르 ② 글루포시네이트

③ 파라콰트 ④ 글리포세이트

11. 기출

지방산 생합성 억제 작용기작을 갖는 제초제의 설명으로 옳지 않은 것은?

① Cyclohexanedione계 성분이 있다.

② Aryloxyphenoxypropionate계 성분이 있다.

③ Glufosinate는 지방산 생합성 억제제 이다.

④ Cyhalofop-butyl은 협엽(단자엽) 식물에 선택성이 높다.

⑤ 아세틸CoA 카르복실화효소(ACCase)의 저해 작용을 갖는다.

12.

회향목 묘포에 사용되는 제초제 '오리잘린'의 작용기작 분류기호는 무엇인가?

① K1 ② C2 ③ E
④ O ⑤ P

13. 기출

제초제 플루아지포프-P-뷰틸에 대한 설명으로 옳지 않은 것은?

① 벼과식물에는 강한 살초효과를 나타낸다.
② 식물 체내의 지질합성계 효소(ACCase)를 저해한다.
③ 철쭉, 소나무, 은행나무 등의 묘포장 잡초방제에 사용한다.
④ 여름철 주요 잡초인 환삼덩굴, 닭의장풀의 방제에 사용한다.
⑤ 분열조직으로 이동하여 생장을 저해하므로 서서히 효과가 나타난다.

14. 기출

아미노산의 생합성을 저해하고 뿌리까지 이행하여 잡초를 완전히 고사시키는 특징을 가진 약제는?

① 시마진 ② 글리포세이트
③ 그라목손 ④ 2,4-D
⑤ 파라쾃트

15.

제초제 아슐람에 대한 설명으로 올바른 것은?

① Dihydropteroate(DHP) 생합성을 억제한다.
② 장쇄지방산 생합성을 억제한다.
③ 광합성 명반응을 교란한다.
④ 세포막 인지질 생합성을 억제한다.
⑤ 세포 호흡대사를 억제한다.

16.

방향족아미노산 생합성과정의 EPSP저해제로 비선택성 제초제는 무엇인가?

① IAA ② 2,4-DB ③ Paraquat
④ MCPA ⑤ Glyphosate

17.

다음의 농약이 갖는 제초제의 작용기작은?

알라클로르 티오벤카브 메페나셋

① ACCase저해 ② 장쇄지방산생합성 억제
③ EPSP 억제 ④ 셀룰로오스생합성 억제
⑤ IAA유사작용

18.

다음 중 광합성 명반응 교란 작용제는?

① 플루폭삼 ② 디캄바
③ 세톡시딤 ④ 헥사지논
⑤ 이마조설퓨론

19.

제초제 작용기작 중 색소 생합성 억제제와 관련이 없는 것은?

① 작용기작 분류기호 'H14'
② 카로테노이드 생합성 억제
③ 스테롤생합성 억제
④ 클로로필생합성 억제
⑤ 비페녹스, 티아페나실

20.

제초제 2,4-D와 관련이 없는 것은?

① 생장조절제로 사용할 수 있다.
② 살포 후 강우시 주변 지역 약해가 발생할 수 있다.
③ 화본과 잡초에 대한 선택성 제초제로 사용된다.
④ 2,4-DB, 디캄바와 유사작용을 나타낸다.
⑤ 작용기작 분류기호는 'H04'이다.

◆ 정답 및 해설: 180쪽

4. 식물생장조절제

식물생장조절제(PGR)는 식물의 생육을 촉진하거나 억제하는 호르몬성 물질로서, 천연물질로는 생장 촉진과 관련된 옥신류, 지베렐린류, 사이토키닌류, 브라시노라이드류가 있으며, 생장 억제와 관련된 에틸렌류, 아브시스산류 등이 있다. 생장조절제는 이들 호르몬 작용제이거나 작용억제제로 개발되어 있다.

가 식물생장촉진 호르몬관련 조절제

1) 옥신류 관련 생장조절제

① 옥신 작용제 [발근촉진제로 사용]

- IAA, IBA, 4-CPA, 디클로로프로프, 나프틸아세타미드, 에틸클로제이트, 트리클로피르 등

〔트리클로피르는 제초제로 등록된 약제로 비산 등으로 인한 약해 발생이 빈번함〕

② 항옥신 작용제

- 말릭하이드라자이드 등

2) 지베렐린류 관련 생장조절제

① 지베렐린 작용제

- 지베렐릭산, 지베렐린A 등

② 항지베렐린 작용제

- 메피콰트, 트리넥사팍, 헥사코나졸 등

〔헥사코나졸은 살균제로도 사용되어 약해의 원인이 되기도 함〕

3) 기타 생장 촉진조절제

① 사이토키닌 작용제

- 6-BA, 포클로르페뉴론, 티디아주론 등

② 브라시노라이드 작용제

- 옥신 및 지베렐린 등이 갖는 생장촉진효과를 가짐 〔국내 등록 약제 없음〕

나 식물생장억제 호르몬 관련 조절제

1) 에틸렌 관련 생장조절제

① 에틸렌 작용제 [식물 노화, 숙기 촉진에 사용된다]

- 에틸렌, 에테폰 등

② 항에틸렌 작용제

- 1-메틸사이클로프로펜 등

2) 기타 생장억제제

① 아브시스산(ABA): 과실의 탈리 및 휴면 유도 효과

② 지방알콜류: 데실알콜 〔액아 억제〕

③ 다미노자이드

핵심 내용 정리

4. 생장조절제의 작용점과 작용기작 분류기호

♦ 생장촉진 작용제: 옥신류, 지베렐린류, 사이토키닌류

♦ 생장억제 작용제: 에틸렌 작용제, 아브시스산, 지방알콜류

기출 및 예상문제 식물생장조절제

1. 기출

다음 중 생장 조정제로 사용할 수 있는 것은?

① Oxadiazon ② Butachor
③ Molinate ④ 2,4-D

2. 기출

사이토키닌계의 식물호르몬제로써 콩나물의 생장촉진제로 가장 적합한 약제는?

① 페노프롭(fenoprop)
② 육-비에이(6-BA)
③ 지베렐린(gibberellin)
④ 아토닉(atonic)

3. 기출

헤테로옥신이라고도 하며 무색 바늘 모양의 결정으로 과수, 화초 등의 삽목 때 발근촉진제로 사용될 수 있는 것은?

① 포스톤 ② 지베렐린
③ β-인돌초산 ④ 카시네린

4. 기출

식물생장 조정제가 아닌 것은?

① 지베렐린계 ② 에틸렌계
③ 사이토키닌계 ④ 실록산계

5. 기출

식물생장조절제(Plant Growth Regulator; PGR)에 대한 설명으로 틀린 것은?

① 식물의 다양한 생리현상에 영향을 미친다.
② 농작물의 생육을 촉진하거나 억제시킨다.
③ 지베렐린산은 딸기, 토마토의 숙기억제에 관여한다.
④ 아브시스산은 목화와 유과의 낙과 촉진에 관여한다.

6.

지베렐린 생합성 억제작용이 알려진 약제는?

① 디니코나졸　　② 6-BA
③ 트리클로피르　　④ 2,4-D

7.

IAA와 유사구조를 갖는 생장촉진 호르몬작용제는?

① 지베렐릭산　　② 6-BA
③ NAA　　④ ABA

8.

생장억제 호르몬작용제로 숙기촉진, 개화저해 작용이 있는 약제는?

① 에테폰
② IBA
③ 지베렐린 A4
④ 1-메틸사이클로프로펜

9.

아브시스산에 관한 설명이 아닌 것은?

① 식물의 잎과 과실의 탈리작용을 유도한다.
② IAA보다 100배 강한 옥신활성을 갖는다
③ 식물생장억제 호르몬으로 휴면을 유도한다.
④ 천연유래 성분으로 작물 위조를 방지한다.

10.

다음 중 약제의 작용이 서로 다른 성분은?

① 4-CPA　　② 트리클로피르
③ 2,4-D　　④ 말릭하이드라자이드

◆ 정답 및 해설: 181쪽

제6장 농약의 선택성, 저항성 그리고 약해

꼭 알아두기!

- 살균제, 살충제, 제초제의 약제 선택성 발현 원인을 알아보자.
- 약제 저항성의 종류와 저항성 발현기작, 그리고 저항성 대책을 알아보자.
- 약해의 원인과 그에 대한 예방대책을 알아보자.

처리한 농약의 독성 반응이 생물 종에 따라 차이가 나는 것을 선택성이라 하며, 농약의 높은 선택성은 인축독성을 낮추고, 환경과 생태계 파괴를 최소화할 수 있도록 한다. 이러한 선택성은 농약을 사용목적에 따라 분류할 수 있게 하였으며, 약해가 없는 상업적 농약의 활용이 가능하도록 하였다. 농약에 의한 방제효과가 나타나기 위해서는 약제 살포 후 ① 표피투과 및 침투 ② 체내 대사 및 분해작용 ③ 작용점 도달 및 기능교란 ④ 독작용 발현의 단계를 거치게 된다. 생물은 이러한 독 발생과정의 단계별 특성을 달리함으로서 선택성을 나타낼 수 있다.

일반적으로 농약의 선택성은 비교대상 생물종과의 독성지수의 비를 통해 결정된다.

$$\text{선택계수(SI)} = \text{시험대조군 생물}(LD_{50}) / \text{방제대상생물}(LD_{50})$$

농약의 선택성을 나타내는 여러 요인 중 체내 대사작용은 약물의 ① 분해대사를 중심으로 하는 Phase I(대사 I 경로)와 ② 체내 물질과의 결합(컨쥬게이션)을 통한 배출을 중심으로 진행되는 Phase II(대사 II경로)로 구분된다.

대사 경로	특성
Phase I	• 산화/환원효소(MFO, 시토크롬450 등), 가수분해효소(hydrolase, esterase 등)의 작용에 의해 약물의 구조가 극성치환기를 갖도록 분해되거나, 무기화 단계로 분해하는 과정
Phase II	• 당/아미노산 등 주로 극성 생체물질을 전이효소(transferase 등)의 작용으로 서로 결합(컨쥬게이션, conjugation)시킨 후 약물이 극성치환기를 갖도록 하여 체외 배출을 돕기 위해 진행되는 과정

1. 살균제의 선택성

병원균에 대한 살균제 선택성은 병원균의 생리생화학적 특성과 이에 대응한 약제의 투과성, 반응성, 안정성 등으로 결정된다. 또한, 발병과정, 온습도, 토양미생물, 대사작용에 의한 활성화 및 불활성화 등이 선택성에 영향을 미친다.

가 발병과정

병원균에 의한 발병과정은 ① 포자의 발아 ② 부착 ③ 식물 체내 침입 ④ 균사신장을 거친후 병반이 형성되며, 살균제는 이러한 과정 중 특정한 단계에서 작용하여 선택성을 갖게 되고, 발병단계에 따라 약효가 크게 달라질 수 있다.

1) 습도영향

토양 살균제의 경우 토양 수분함량에 따라 약제의 확산 분해 등이 달라질 수 있으며, 토양수분 20~60%가 약효 발현에 적합하며, 범위를 벗어나는 경우 약효가 떨어지거나 약해가 발생할 수 있다.

2) 토양특성

① **토양 미생물**: 토양 내 미생물은 병원균과 길항균이 적절한 균형을 이루고 있으나, 병

원균 방제 약제를 잘못 선택하는 경우 초기 병원균의 밀도는 낮출 수 있으나, 이와 함께 길항균 또한 밀도가 낮아져 일정 기간 경과 후 병원균이 우점균이 되어 병발생이 증가할 수 있다.

② **토양 이화학성**: 토성, 토양화학성 등

- 클로로피크린: 점질토에 비해 사질토에서 약효가 우수하며, 화강암 및 흑색 화산 회도에서 약효가 떨어짐
- 베노밀, 피리다졸: 토양 pH가 중성 또는 알칼리성에서 약효가 높음

3) 대사작용에 의한 선택성

베노밀과 티오파네이트-메틸은 모두 카벤다짐으로 전환된 후 약효를 나타낸다. 베노밀은 물에서 쉽게 가수분해되어 카벤다짐으로 전환되고, 티오파네이트-메틸은 식물 체내 phenol oxidase 효소 작용에 의해 카벤다짐으로 전환된다. 따라서, 베노밀은 속효성이며 토양병 방제에도 사용 가능하고, 티오파네이트-메틸은 잔효성이 길며 식물체 발생 병 방제에 사용된다.

- 대사작용으로 활성화 되는 약제: 티오파네이트-메틸, 디크론유도체

2. 살충제의 선택성

살충제의 선택성은 독성지수의 비(기준생물의 LD_{50}/해충의 LD_{50})로 결정하며, 그 값이 50 이상일 때 선택성이 있다. 선택성은 ① 접촉 ② 체내 투과 및 흡수 ③ 체내 대사(활성화, 무독화, 배출) ④ 작용점 이동 ⑤ 작용점과의 반응을 통한 독작용 발현으로 나타난다.

가 생태적 선택성

약제의 잔류부위를 달리함으로써 생물종의 생태적 차이를 활용한 선택성으로서, 접촉독제

는 해충의 생태적 특성으로 인한 표면접촉이 높은 해충에 선택적이며, 침투성 살충제는 식물 체내 잔류하므로 흡즙해충에 선택성이 높다.

나 대사적 선택성

포유동물과 해충의 체내 대사효소의 차이로 인해 체내 침투한 약제가 포유동물에서 무독화되어 나타나는 선택성과 유효성분에 보호기를 부착시켜 해충에서 높은 선택성을 나타내도록 한다.

① **무독화** 예) bioresmethrin(에스터레이즈 작용), 말라티온(에스터레이즈 작용), 디메토에이트(아미데이즈작용)

② **보호 작용기 활용** 예) 부토네이트(유효성분 트리클로폰), 아세페이트(유효성분 메타미포스)

다 작용점 이동 선택성

포유동물의 중추신경에 존재하는 뇌혈액막(BBB)과 신경절을 피복하고 있는 막으로 인해 약제의 이동성 제한으로 선택성이 나타난다.

예) 페니트로티온(뇌혈액막투과 제한), 아미톤 및 스라단(신경절 피복막 투과 제한)

라 작용점 특성

약제와 작용점 단백질과의 친화성 및 결합특성 차이로 인해 나타나는 선택성으로 저항성과 관련된다.

마 생장 특이성

1) 생장호르몬 교란

다른 생물과 달리 곤충만 갖는 특유의 변태과정에 필요한 생장호르몬(엑디손, 유베닐) 유사물질은 해충방제에 효과적이나 인축독성이 낮아 고도의 선택성을 갖는다.

2) 키틴 생합성 억제

곤충의 탈피 이후 표피 완성에 필요한 키틴의 생합성과정을 교란하는 약제(벤조일우레아계)는 포유동물보다 곤충에 높은 선택성을 나타낸다.

3. 제초제의 선택성

제초제의 선택성은 잡초/잡목과 작물/수목 사이의 선택성으로 ① 생리적 선택성 ② 형태적 선택성 ③ 생태적 선택성 ④ 생화학적 선택성으로 구분된다.

가 생리적 선택성

제초제의 흡수이행성 차이에 의한 선택성으로 식물 종간 세포막의 반투과성차이에 의한 물질 흡수 차이로 나타나는 선택성이다. 2,4-D의 경우 광엽식물의 체내 이동속도가 옥수수 등 화본과 작물의 이동속도보다 월등히 빨라, 광엽잡초에 대한 선택성을 갖는다.

나 형태적 선택성

쌍자엽 광엽식물은 생장점이 지상부에 노출되어 있으나, 단자엽 식물은 생장점이 줄기의 마디에 숨겨져 있어, 생장점에 작용하는 페녹시계 제초제의 경우 광엽식물에 높은 선택성을 갖는다.

다 생태적 선택성

생태적 선택성은 작물과 잡초의 시공간적 배치의 차이로 발생하는 선택성을 말한다.

1) 시간적 선택성: 작물과 잡초의 생육단계를 달리한 시간적 차이를 활용한 선택성

예) 작물 발아 전 파라콰트, 글리포세이트 등 접촉형 경엽처리 제초제 살포
예) 작물 정식 후 발아전 제초제 살포

2) 위치적 선택성:

예) 과수원에서 경엽처리 제초제를 수목과 경합하지 않는 위치의 잡초방제를 위해 사용하는 경우로 배치 선택성이라고도 한다. 이 경우 나무줄기와 잎 등에 닿지 않도록 살포하여야 한다.
예) 토양 흡착성이 높은 제초제의 경우 토양 표면 살포시 심근성 작물에는 영향을 주지 않고, 표층 가까이 생육하는 잡초에 선택적 제초 활성을 나타낼 수 있다.

라 생화학적 선택성

1) 약제 활성화에 의한 선택성

2,4-DB, MCPB는 모화합물은 활성이 없으나 식물 체내 대사작용(베타-산화작용)에 의해 활성화되면 제초 활성이 나타난다.

예) 2,4-DB → 2,4-D; MCPB → MCPA

2) 약제 불활성화에 의한 선택성

약제의 불활성화는 식물 체내 대사과정으로 분해되거나 생체물질과 결합하여 무독화되어 나타난다.

예) **프로파닐**: 벼는 acylamidase 작용에 의해 무독화되지만, 효소활성이 없는 바랭이 등은 살초 활성이 나타난다. 단, acylamidase는 유기인계, 카바메이트계 약제에 의해 활성을 잃게 되므로 프로파닐 방제시 이들 약제와 혼용해서는 안된다.
예) **벤타존, 2,4-D**: 벼에서는 생체물질인 당과 결합(글루코실화)하여 무독화되나 금동사니에서는 살초 활성이 나타난다.

4. 약제 저항성

약제 저항성이란 동일 방제약제를 연속하여 반복적으로 사용할 때 약제에 대한 내성이 증가하여 후대에도 반복적 내성이 발생한 경우 해당 생물을 약제 저항성 생물이라 부른다. 또한 두 가지 이상의 약제에 대한 저항성이 발생한 경우 ① 교차저항성과 ② 복합저항성으로 구분하고 있다.

교차저항성은 한 가지 약제에 대해 저항성이 발달한 병원균, 해충, 잡초가 저항성이 나타난 약제와 동일한 작용기작을 갖는 다른 약제에 대해서도 저항성이 나타난 경우다.

복합저항성은 저항성이 나타난 약제의 작용기작과 전혀 다른 작용기작에 작용하는 다른 약제에 대해서도 저항성이 나타난 경우이다.

$$\text{저항성 계수} = \frac{\text{저항성 개체의 } LD_{50}}{\text{감수성 개체의 } LD_{50}}$$

가 살균제 저항성 기작

병원균의 저항성은 다양한 요인에 의해 발생할 수 있다.

① 유전적 변이에 의한 작용점 변화

② 세포 외 배출기구 형성 및 활성화

③ 약물 분해효소 생성

④ 세포막 변화에 의한 약물 투과성 조절

⑤ 작용점 단백질의 과다 발현

⑥ 대사경로 우회

나 살충제 저항성 기작

살충제의 저항성은 한가지 요인에 의해 발생할 수 있으나, 대부분은 복합 작용에 의해 나타난다.

① **행동적 요인**: 약제살포지역 기피 현상

② **형태적 요인**: 표피 큐티클 층을 두텁게 조절하여 체내 투과율 감소

③ **생리적 요인**: 친유성 약제를 체내 지방층에 축적하여 작용점 도달 억제

④ **생화학적 요인**: 대사작용에 의한 무독화 능력 향상 혹은 작용점 변화를 통한 감수성 변화

다 제초제 저항성 기작

① **형태적 요인**: 잎, 뿌리 상피조직, 유관속 조직변화를 통한 약제의 침투, 이행성 억제

② **생리적 요인**: 액포, 세포벽 등에 약물 격리

③ **생화학적 요인**:

- 작용점 변화: 광계II의 D1단백질, ALS, ACCase, EPSP 돌연변이체 발현
- 작용점 단백질 발현량 증가: EPSP 단백질 과발현
- 무독화: GST(글루타치온전이효소), CYP(시토크롬산화효소) 활성 증가를 통한 무독화

라 저항성 대책

① 작용기작이 서로 다른 약제를 번갈아 가며 교호살포하여 저항성 인자 선발압을 낮춘다.

② 한가지 약제를 반복 사용하지 않는다.

③ 저항성 병, 해충, 잡초 방제시 저항성이 나타나지 않은 작용기작의 약제들을 혼용하거나 체계 처리한다.

④ 권장사용량 이하 사용이 양적 저항성 유발 원인이 되므로, 농약 권장사용량을 준수한다.

⑤ 살포적기를 지켜야 하며, 잡초의 경우 잔존 잡초의 종자가 퍼지지 않도록 막는다.

⑥ 저항성 작물 선택, 답전윤환, 잔존잡초 소각 등 경종적 방법을 활용한다.

⑦ 경제적 피해 허용수준을 준수하여 불필요한 농약사용을 억제한다.

⑧ 길항미생물, 천적 등을 사용한 생물적 방제를 활용한다.

5. 약해와 경감대책

약해(phytotoxicity)는 농약으로 인해 식물 조직이 손상되거나 증산, 동화, 호흡작용 등 생리 기능이 교란되어 정상적인 생육이 저해되어 나타난다. 약해는 식물의 전 부위에서 약반 증상이 나타날 수 있으며, 잎이나 줄기, 뿌리 등에서 나타나는 증상 외에도 과실의 반점 등 외관이 나빠지는 것도 약해로 판단하며, 과실의 맛이나 크기가 변하는 품질 저하도 약해로 볼 수 있으나, 이를 판정하기는 어렵다.

토양에 살포하는 농약은 장기간 토양 등 환경에 잔류하며 작물에 오랜 기간 영향을 미치게 되지만, 경엽살포제는 그 영향이 일정기간에 한정된다. 따라서, 경엽살포제의 약해는 급성으로 나타나고 회복 가능성도 큰 편이다.

약해는 약제 처리 7일(1주)을 기준으로 급성 약해와 만성 약해로 구분하며, 7일 이내에 발아 혹은 발근 불량, 엽소(leaf burn), 반점, 왜화, 낙화, 낙과, 낙엽 등이 발생하는 경우 '급성적 약해'로 정의하며, 약제 살포 7일 이후 수확기까지 서서히 영양생장, 화아(flower bud) 형성 등에 영향을 주어 생육 억제, 수량 감소, 작물의 품질 저하 등의 피해가 나타나는 경우 '만성적 약해'로 구분한다, 처리한 농약이 토양에 잔류하여 연이어 재배한 후속 작물에 약해를 일으키는 경우를 '후작물 약해(2차 약해)'라고 한다.

가 약해 증상

약해는 단독 증상만 나타내기 보다는 여러 증상이 중복되어 나타난다. 같은 작물에 같은 농약을 살포한 경우에도 환경이나 노출 조건이 다르면 약해 증상이 달라질 수 있고, 시간 따라 달라질 수 있어 약해 발현 시기와 증상의 변화과정까지 관찰해야 한다.

1) 경엽(줄기와 잎) 약해 증상

경엽에 나타나는 증상에는 잎의 변색, 기형, 낙엽 등이 있다. 대표적인 경엽 약해 증상으로는 백화(白化, chlorosis) 이후 괴사(壞死, necrosis) 증상이 순차적으로 나타나는 예가 있다.

2) 뿌리 약해 증상

뿌리에는 발근저해, 기형근, 갈변, 비대억제, 근장(뿌리 길이) 및 근중(뿌리 무게) 감소 등이 있다. 이러한 증상들은 주로 분의제 처리 혹은 토양혼화 처리제로 인해 발생 할 수 있다. 티플루랄린 등 디니트로아닐린계 제초제는 특히 화본과 작물에서 발근저해나 기형근 형성 등 이상 증상을 일으킬 수 있다. 뿌리에 대한 약해 발생은 지상부 도복으로 나타나기도 한다. 논에 페녹시계 제초제를 살포하면 관근(冠根, crown root) 발생이 억제되기도 한다.

3) 꽃 약해 증상

꽃에 나타나는 증상은 보통 개화가 지연되는 경우로 기계유 유제를 살포한 낙엽 과수 등에서 볼 수 있다. 페니트로티온 유제 등을 배 개화 시기에 살포하면 꽃잎이 다갈색으로 변하는 피해 증상이 나타나기도 한다. 또한 사과 개화기 중 저온기간 동안 농약 살포시 약제에 따라 꽃봉오리가 흑변되거나 잎에 약해가 발생하기도 한다. 살균제인 티오파네이트-메틸, 클로로탈로닐 등을 개화기에 잘못 사용하면 꽃받침에 약반이 생기기도 한다.

4) 과실 약해 증상

① 낙과는 에틸렌 작용에 의해 나타나는 대표적 약해 증상이다. 개화 후 에틸렌 발생량이 많은 사과 품종에 페니트로티온 등 유기인계 살충제나 카바릴 등을 살포하면 에틸렌 생성이 촉진되어 낙과가 조장된다. 디클로르보스는 사과의 과잉 착과를 유도하여 양분공급 부족으로 자연 낙과를 유도한다. 배에 동제를 살포하면 유과가 낙과하기도 한다.

② 기형과는 약제로 인해 과실의 모양이 기형화 되는 증상이다. 개화 전후(화분 형성에서 수정 시기까지) 약제의 영향을 받아 생기기도 한다. 피망고추에 streptomycin을 연속 살포하면 종자가 작아져 과실 비대가 억제되기도 하지만 화분이 많거나 영향이 일시적인 경우에는 실제 피해가 나타나지 않기도 한다.

③ 약반은 약제 살포부위에 녹과(錄果, russet) 발생, 과피 거칠어짐, 갈색 및 흑색 반점, 과피 그을림, 유침상(油浸狀, oil soaked) 약반 및 열과 등으로 나타나는 증상이다. 석회유황합제를 감귤에 살포하면 햇빛을 잘 받는 부분에 암갈색 반점의 약해가 발생하기도 한다. 동제(copper)에 의한 감귤의 흑점 증상도 햇빛을 잘 받는 부분의 과실

에 나타나기 쉽다. 사과는 fenitrothion 및 diazinon 등 유기인계 농약에 의한 녹과가 발생할 수 있다. 복숭아 성숙기에 캡탄을 살포한 경우 약액이 1시간 이상 마르지 않으면 약반이 생길 수 있으며, 심한 경우 열과가 발생하기도 한다.

④ 착색 저해는 과실의 착색이 저해되는 증상이다. 기계유 유제를 살포한 감귤, phenthoate 유제를 살포한 딸기 등에서 착색이 저해되기도 한다. 착색 저해 외에 상품성과 관련되어 디티오카바메이트계 살균제를 수확 전 처리할 경우 과분 형성이 저해되는 경우도 있다.

⑤ 임실 장애는 일반적으로 감수분열기에는 농약에 대한 감수성이 높아 개화 지연, 개영(開穎) 불량, 화사(花絲) 신장불량, 약(꽃밥) 발육 불량, 화분 발아 저하 등으로 수정에 나쁜 영향을 미쳐 결실을 저해하는 증상이다. 임실 장애는 기형과가 되거나, 벼에서 백수로 나타나기도 한다.

나 약해 발생의 원인과 대책

1) 약해의 원인

약해를 나타내는 원인은 작물의 특성, 농약의 물리화학적 특성 및 사용 방법, 환경 조건 등에 따라 다르게 나타난다.

약해 발생에 영향을 주는 요인

요인	약해 발생 요인
작물의 특성	• 작물 종류 및 품종의 특성 • 작물의 형태 – 잎, 과실 표면의 형태 • 재배형태 – 노지재배, 시설재배, 멀칭재배 등 • 생육단계 – 발아특성
농약	• 물리성 – 부착성, 고착성, 침투이행성 • 환경 중 농약의 잔류 및 확산 – 표류비산, 휘산(증발), 잔류성, 농약의 대사 및 분해산물
환경조건	• 기상환경 – 광, 온도, 습도, 강우 등 • 토양환경 – 점토의 종류 및 함량, 유기물 함량 등
사용방법	• 불합리한 혼용 • 근접 살포

2) 약해를 방지하기 위한 대책

① 제제의 개선

(a) 비산방지 제제

농약의 표류비산 우려를 낮추기 위해 분제는 미립제, DL(drift-less) 분제 등으로 제제하고 액제는 거품 상태로 살포하는 form spray법 등으로 개선하여 약해를 줄일 수 있다. 또 항공 살포에서는 액적(droplet)을 무겁게 하는 보조제를 첨가함으로써 표류 비산을 줄일 수 있다. 한편 토양 표면에 살포하는 입제는 입경을 크게 만들어 작물 경엽으로의 비산율을 줄여 약해를 예방할 수 있다.

(b) 방출제어 제제(controlled release formulation)

- 마이크로캡슐제: 농약의 유효 성분이 서서히 방출되는 기술로 잔효성을 길게 하고, 약해 경감 목적으로도 유효하다.
- 고분자화합물: 흡착성이 강한 화합물을 혼합하면 활성 성분이 흡착되므로 서서히 방출된다. 제초제 metribuzin을 kraft lignin과 1:1로 혼합한 것을 콩밭에 처리하면 metribuzin이 kraft lignin에 흡착되어 서서히 방출되면서 약해가 경감된다.

② 약해 경감제(해독제) 이용

(a) 물리적 해독 물질

토양 중의 잔류농약을 제거할 목적으로 활성탄(active carbon)을 사용할 수 있다. 활성탄은 토양 혼화, 종자 분의, 묘의 뿌리에 분의하여 정식하는 방법 등이 있다.

(b) 약해 경감제 이용

Simazine 등 triazine계 제초제에 증산억제제인 oxyethylene docosanol 등을 처리하거나, diuron등 요소계 제초제에 계면활성제를 첨가하면 토층 하방 이동을 줄여 약해를 경감시킬 수 있다.

작물체 내의 약해 유발물질을 분해할 수 있는 약제를 해독제(antidote)라고 한다. 잘 알려진 해독제는 thiocarbamate계 제초제, 알라클로르, 아트라진 등에 사용되는 해독제로 dichlormid가 있다. 이는 옥수수 체내에서 glutathione conjugate등 대사를 촉진하여 제초제에 대한 해독효과를 나타난다. 이외에도 thiocarbamate계 제초제 약해 경감에 사용되는 NA(1,8-naphthalic anhydride)도 옥수수, 벼 등에 효과가 있다.

논 제초제 약해경감제로는 프레틸라클로르 제제에 혼합 사용되고 있는 펜클로림이 있다.

(c) 생리활성 증진제 이용

논 제초제 중 simetryn, butachlor는 식물 호르몬의 일종인 brassinolide에 의하여 약해가 경감된다. 탄산칼슘도 약해 경감 효과가 있다.

(d) 농약 안전사용기준 준수

농약 중에는 작물의 종류 및 품종에 따라 약해가 나타날 수 있으므로 농약안전사용 주의사항을 숙지한 후 농약을 살포하여야 한다.

✣ 약해 방지를 위한 주의 사항

농약 살포 전	농약 살포 작업 중
• 적용작물, 처리시기(생육단계) 확인	• 살포액 조제(소량의 물→소정량의 물)
• 희석농도, 혼용가부 확인	• 고온시 살포 회피
• 적용작물 및 품종 확인	• 균일 살포
• 근접살포에 대한 안전성 확인	• 풍향, 주변 포장으로의 표류비산 고려
• 살포기구 점검	• 농약 빈병 및 살포 후 잔액 처리
• 기상예보 확인	• 살포장비 세척

(e) 기타 고려사항

재식 밀도, 비배 관리 등을 적절하게 하여 작물을 건강하게 생육시키면, 농약의 살포량을 줄일 수 있으며 약해의 가능성을 낮출 수 있고, 연작을 피하여 윤작과 같은 작부체계를 통해 약해를 줄일 수 있다. 또한, 작용기작이 서로다른 농약을 교호 살포하여, 약제 저항성 발생 가능성을 낮추면, 농약 연용으로 인한 스트레스 노출을 줄여 만성적인 약해를 예방할 수 있다.

핵심 내용 정리

1. 농약의 대사작용

◆ Phase I(대사 I): MFO 등 산화, 가수분해효소 등의 작용을 통한 약물 분해 대사작용

◆ Phase II(대사 II): 글루타치온, 당 등 체내 물질과의 결합(컨쥬게이션)을 대사작용

2. 살균제의 선택성

◆ 살균제 선택성은 병원균의 생리생화학적 특성과 이에 대응한 약제의 투과성, 반응성, 안정성 등으로 결정되며, 발병과정, 온습도, 토양미생물, 대사작용에 의한 활성화 및 불활성화 등이 선택성에 영향을 미침

3. 살충제의 선택성

◆ 선택성은 독성지수의 비(기준생물의 LD_{50}/해충의 LD_{50})로 결정하며, 그 값이 50 이상일 때임

◆ 살충제의 선택성은 생태적, 대사적, 작용점 이동성, 작용점 특성, 생장특이성 등으로 인해 나타남

4. 제초제의 선택성

◆ 제초제의 선택성은 생리적, 형태적, 생태적, 생화학적 선택성으로 구분지어 볼 수 있음

5. 약제 저항성의 정의

◆ 교차저항성: 동일 작용점에 작용하는 여러 약제에 대한 저항성

◆ 복합저항성: 서로 다른 작용점에 대해 작용하는 여러 약제에 대한 저항성

5. 약제 저항성 기구 및 대책

◆ 살균제, 살충제, 제초제 저항성 기구의 이해

◆ 작용기구가 서로 다른 약제를 번갈아가며 교호살포하여 저항성 인자 선발압을 낮춘다.

◆ 한가지 약제를 반복사용하지 않는다.

◆ 저항성 병, 해충, 잡초 방제시 저항성이 나타나지 않은 작용기작의 약제들을 혼용하거나 체계 처리한다.

◆ 권장사용량 이하 사용이 양적 저항성 유발 원인이 되므로, 농약 권장사용량을 준수한다.

◆ 살포적기를 지켜야 하며, 잡초의 경우 잔존 잡초의 종자가 퍼지지 않도록 막는다.

◆ 저항성 작물 선택, 답전윤환, 잔존잡초 소각 등 경종적 방법을 활용한다.

◆ 경제적 피해 허용수준을 준수하여 불필요한 농약 사용을 억제한다.

◆ 길항미생물, 천적 등을 사용한 생물적 방제를 활용한다.

6. 약해 증상 및 구분

◆ 급성약해 증상: 엽소, 백화, 발근저해, 기형근, 갈변 등

◆ 만성약해 증상: 맛, 품질, 기형과 등

기출 및 예상문제

1. 기출

살충작용이 다른 2종 이상에 대하여 동시에 해충이 저항성을 나타내는 현상을 무엇이라 하는가?

① 내성(tolerance)
② 선발압(selective pressure)
③ 교차저항성(cross-resistance)
④ 복합저항성(multiple-resistance)

2. 기출

교차저항성에 대한 설명으로 가장 옳은 것은?

① 어떤 약제에 의해 저항성이 생긴 곤충이 다른 약제에 저항성을 보이는 것
② 동일 곤충에 어떤 약제를 반복살포함으로써 생기는 저항성
③ 동일 곤충에 두가지 약제를 교대로 처리함으로써 생긴 저항성
④ 어떤 약제에 대한 저항성을 가진 곤충이 다음 세대에 그 특성을 유전시키는 것

3. 기출

농약의 약효를 최대로 발현시키기 위한 방법으로 가장 거리가 먼 것은?

① 방제적기에 농약 살포
② 적정농도의 정량살포
③ 병해충 및 잡초에 알맞은 농약의 선택
④ 효과가 좋은 농약 한가지만을 계속 사용

4. 기출

살충제의 해충에 대한 복합저항성이란?

① 살충작용이 다른 2종 이상에 대하여 동시에 해충이 저항성을 나타내는 현상
② 어떤 살충제에 대하여 저항성이 발달한 해충이 한 번도 사용한 적이 없지만 작용기구가 같은 살충제에 저항성을 나타내는 현상
③ 어떤 해충개체군 내에 대다수의 개체가 해당 살충제에 대하여 저항력을 가지는 해충계통이 출현되는 현상
④ 동일 살충제를 해충개체군 방제에 계속 사용하면 저항력이 강한 개체만 만들어지는 현상

5. 기출

식물체 내에서 베타산화(β-oxidation) 여부로 선택성을 나타내는 것은?

① 2,4,5-T ② 2,4-DES
③ 2,4-D ④ UDPG

6. 기출

교차저항성(cross resistance)에 대한 설명으로 옳은 것은?

① 동일한 작용기작을 가진 약제군 사이에서 그 중 1개의 약제에 저항성을 지니게 된 균은 같은 군의 다른 약제에 대해서도 저항성을 가진다.
② 작용점이 여러 개인 약제에 대하여 2가지 이상의 작용점에 저항을 획득하면 그 균은 교차저항성을 획득하였다고 한다.
③ 베노밀(benomyl)과 톱신-M(Topsin-M)의 경우 화학구조가 완전히 다르기 때문에 저항성의 획득도 다른 기작을 따른다.
④ 저항성균이 한 지역에 발생하여 다른 지역으로 이동되었을 때, 이동된 지역에서도 저항성을 유지하는 것을 교차저항성이라고 한다.

7. 기출

어떤 살충제에 대해여 이미 저항성이 발달한 해충이 한 번도 사용한 적은 없지만 작용기가 같은 살충제에 대하여 저항성을 나타내는 현상은?

① 교차저항성 ② 복합저항성
③ 단일약제저항성 ④ 선천적저항성

8. 기출

농약의 저항성 발달 정도를 표현하는 저항성 계수를 옳게 나타낸 것은?

① 저항성 LD_{50} / 감수성 LD_{50}
② 감수성 LD_{50} × 저항성 LD_{50}
③ 감수성 LD_{50} / 복합저항성 LD_{50}
④ 감수성 LD_{50} × 복합저항성 LD_{50}

9. 기출

다음 중 해충의 저항성을 가장 잘 유발시킬 수 있는 경우는?

① 살포회수를 적게 한다.
② 동일 약제를 계속 사용한다.
③ 다른 약제로 바꾸어 살포한다.
④ 작용기작이 다른 농약을 살포한다.

10. 기출

잔디용 제초제 벤타존이 벼과와 사초과 식물사이에 보이는 선택성은 어떠한 차이에 의한 것인가?

① 약제와의 접촉
② 체내로의 흡수
③ 작용점으로의 이행
④ 대사에 의한 무독화
⑤ 작용점에서의 감수성

11. 기출

제초제 저항성 잡초 관리방법으로 옳지 않은 것은?

① 종합적 방제를 실시한다.
② 제초제 사용량을 늘려서 자주 처리한다.
③ 작용기작이 유사한 제초제의 연용을 피한다.
④ 작용기작이 다른 제초제와의 혼합제를 사용한다.
⑤ 교차저항성이 없는 다른 제초제와 교호처리한다.

12. 기출

농약에 대한 저항성 해충의 관리 방안으로 옳지 않은 것은?

① 권장량으로 농약 살포

② 정확한 예찰에 의한 적기 농약 살포

③ 작용기작이 서로 다른 약제의 혼용 혹은 교호 사용

④ 임업적, 생물학적방제 등을 활용한 종합적 방제

⑤ 해당 해충에 대하여 효과가 있는 농약만 계속 살포

13. 기출

생물체 내에 침투된 비극성의 지용성 농약은 Phase Ⅰ 및 Phase Ⅱ반응을 받아 수용성으로 변환되어 해독되고 배설된다. Phase Ⅰ 반응에 해당하지 않은 것은?

① 니트로(nitro)기 환원반응

② 수산화(hydroxylation)반응

③ 탈알킬화(dealkylation)반응

④ 글루코오스 콘쥬게이션(glucose conjugation) 반응

⑤ 카르복실에스테라제(carboxylesterase)에 의한 가수분해반응

14. 기출

제초제로 토양이 오염되었을 때의 대책으로 적합하지 않은 것은?

① 활성탄을 뿌려줘서 농약을 흡착시킨다.

② 제초제의 흡수를 막기 위해 물을 주지 않는다.

③ 무기양분을 토양관주하여 농약 대신 양분을 흡수하도록 유도한다.

④ 부엽토나 완숙퇴비를 섞어준다.

⑤ 겉흙을 걷어내고 신선한 토양으로 대체한다.

15. 기출

살충제의 저항성에 대한 설명 중 옳지 않은 것은?

① 동일한 약제를 동일 개체군 방제에 계속 이용할 경우 발생 가능성이 높다.

② 저항성은 후천적 적응에 의해 생겨난다.

③ 작용기작이 서로 다른 2종 이상의 약제에 대한 저항성을 복합저항성이라 한다.

④ 생태적 저항성은 행동 습관의 변화로 인한 저항성이다.

⑤ 살충제 저항성의 대책으로 종합적 방제가 요구된다.

◆ 정답 및 해설: 183쪽

제7장 농약의 독성과 안전성

꼭 알아두기!

- 농약 독성에 사용하는 용어를 알아두어야 한다.
- 농약의 안전사용기준에 포함되는 내용을 알아두어야 한다.
- 농약의 제품 독성, 어독성에 대한 구분기준을 알아두어야 한다.

1. 인축(사람과 가축) 독성

농약은 농작물 재배에 해가 되는 다양한 병해충 및 잡초를 방제하는 물질이므로 정도의 차이는 있으나 독성이 있을 수 있다. 그러므로 농약의 안전관리를 위하여 독성시험을 통해 그 독성을 파악하고 정도에 따라 취급 제한 기준 등을 농약관리법에 정하고 있으며, 안전사용을 위한 규정을 정하여 관리하고 있다.

가 독성 평가 및 등급 구분

1) 급성독성(acute toxicity)

농약에 1회 노출되었을 시 나타나는 독성으로서, 일정한 수의 실험동물(흰쥐 등)에게 농약을 투여하여 시험기간 내에 실험동물의 50%가 사망하는 농약 량(LD_{50}; Lethal dose)이나 농약 농도(LC_{50}; Lethal concentration)로 평가한다. 동일한 농약이라도 농약을 투여하거나 노출시키는 경로에 따라서 독성의 차이가 나는데, 대개 흡입 독성이 가장 강하고 경구 독성, 경피 독성의 순서로 독성이 낮아진다.

❖ 급성독성의 종류

구분	내용
급성경구독성 (acute oral toxicity)	농약을 실험동물에 최소한 1일 1회 경구 투여하여 14일 이상 관찰하며 실험동물 50%가 사망하는 수로 LD_{50}를 산출한다
급성경피독성 (acute dermal toxicity)	농약을 실험동물 피부의 일정한 체 표면적에 도포하고 24시간 후 제거한 다음 14일 이상 관찰하며 실험동물 50%가 사망하는 수로 LD_{50}를 산출한다.
급성흡입독성 (acute inhalation toxicity)	농약을 기체 및 증기상태로 실험동물에 흡입 투여하는데 최소한 1일 1회 4시간 동안 투여하여 14일 이상 관찰하며 50%가 사망하는 수로 LC_{50}를 산출한다.

농약의 독성 중에서 농약 원제 독성도 중요하지만, 실제 농업 현장에서는 원제가 아니라 다양한 형태로 제조된 제품을 사용하기 때문에 방제작업에 사용되는 농약 제품의 독성이 더욱 중요하다. 우리나라는 아래와 같이 농약 제품의 독성을 구분하고 있으며, 경피독성 보다는 경구독성이 독성이 높게 구분되어 있고, 액체 제품보다는 고체 제품의 독성이 높게 구분되어 있다.

❖ 우리나라 농약 제품의 독성 구분

구분	경구독성(LD_{50}, mg/kg)		경피독성(LD_{50}, mg/kg)	
	고체	액체	고체	액체
I급(맹독성)	5 미만	20 미만	10 미만	40 미만
II급(고독성)	5~50 미만	20~200 미만	10~100 미만	40~400 미만
III급(보통독성)	50~500 미만	200~2,000 미만	10~1,0000 미만	400~4,000 미만
IV급(저독성)	500 이상	2,000 이상	1,000 이상	4,000 이상

2) 아급성 독성(subacute toxicity)

급성독성과 만성독성의 중간 기간으로 약물을 노출시키며, 보통 90일간 1일 1회, 주 5회 이상을 투여한 후 실험동물에 발생한 독성을 평가한다. 실험동물의 일반증상, 체중, 사료 섭취량, 물 섭취량, 혈액검사, 뇨 검사, 안과학적 검사 및 제반 병리조직학적 조사를 한 후, 만성독성 및 발암성 시험 등에 사용할 농약의 용량 결정에 이용한다.

3) 만성독성(chronic toxicity)

장기간에 걸쳐 소량의 농약을 계속 섭취하였을 때 나타나는 독성을 조사하는 실험으로 실험동물(흰쥐 등)에 여러 수준의 농약을 장기간(6개월~1년)동안 먹이와 함께 투여하며 행동 변화, 체중 변화, 사료 섭취량 변화 등을 조사하고 생리학적 변화(혈액, 오줌, 변, 혈청, 간)와 효소 활성 변화 및 사망한 후에 부검하여 간, 콩팥, 폐, 뇌 등의 병리 조직학적 검사를 하여 전 실험기간을 통하여 농약 투여군과 대조군을 비교 시 비정상적인 현상이 일어나지 않는 최대수준의 농약 양인 최대무작용량(NOAEL = No Observed Adverse Effect Level) 혹은 최대무독성용량(NOEL, No Observed Effect Level)을 결정한다.

4) 최대무작용량

만성독성은 오랜 기간에 걸쳐 서서히 발현되는 독성이므로 급성독성에서와 같이 단기간에 일정한 치사유발 수치를 얻기 힘들다. 따라서 만성독성은 일반적으로 치사유발 수치가 아닌 실험동물에 대한 최대무작용량(NOAEL, mg/kg체중/일)으로 표시한다. 즉, 최대무작용량이 낮을수록 그 농약의 만성독성이 높다는 것을 의미하며 이에 따라 안전성을 확보하기 위해서는 더 적은 노출량(잔류량)만을 허용하게 된다.

5) 농약의 1일섭취허용량(Acceptable Daily Intake; ADI)

실험동물을 대상으로 급성, 아급성, 만성, 유전, 생식, 기형 독성시험 등을 수행하여 대조군에 비해 실험동물에 대하여 바람직하지 않은 영향을 나타내지 않는 최대 투여용량인 최대무작용량(NOAEL)을 선정한다. 하지만, 이 NOAEL 수치는 사람이 아닌 실험 동물에 의한 독성 수치이기 때문에 사람에 안전한 기준치를 적용하기 위해서 독성학적으로 생물 종간 변이 및 동일 생물종 내 개체 간 편차를 반영하는 안전계수(safety factor; SF)로 NOAEL 수치를 나누어서 사람에 대한 농약의 1일섭취허용량(ADI)을 산출한다. 안전계수는 독성시험의 다양한 요인에 따라 야기되는 불확실성을 보정하기 위한 계수이기 때문에 불확실성계수(uncertainty factor)라고도 하며 보통 100을 사용한다.

ADI(mg/kg 체중/일) = 최대무작용량(NOAEL) ÷ 안전계수(safety factor)

2. 잔류허용기준과 농약안전사용

영농활동 중 사용한 농약이 농산물에 잔류하여 발생한 위해성(risk)은 농약 성분의 만성독성과 노출량의 곱으로 표시된다. 잔류수준(노출량)이 낮더라도 농약 자체의 만성독성이 높으면 안전성이 위협을 받으며 그 반대로 잔류수준이 높더라도 농약 자체의 만성독성이 낮으면 안전성이 확보된다.

가 잔류허용기준

일일섭취허용량으로부터 실용적으로 적용할 수 있는 농산물 중 개별 잔류농약의 노출 허용량을 이론적으로 도출할 수는 있다. 즉, 일일섭취허용량은 인간 체중 1kg당 허용량으로 표시되므로 이 수치에 표준체중 60kg을 곱하면 성인에 대한 일일 잔류농약 섭취 허용량이 산출된다. 이를 일일 농산물 섭취량으로 나누면 이론적 잔류허용한계(permissible level, PL = ADI×60kg/농산물섭취량)를 구할 수 있다.

농산물 및 식품 중 잔류농약의 안전성 확보에 대한 가장 중요하면서도 실용적인 관리체계는 농약 유효성분이나 농산물 별로 잔류허용기준(maximum residue limit, MRL)을 합리적으로 설정하는 것이며, 이는 정상적 경작조건에서 병해충 방제를 위한 농약 사용은 허용하되 오남용을 방지하기 위함이다.

MRL 설정은 정상적 영농 형태(good agricultural practice, GAP)에서 최대 농약 살포 조건(critical GAP)으로 수행한 표준 잔류성 시험(supervised residue trial)의 실험적 결과와 통계학적 평가에 근거한다. 즉, 각 잔류성 시험으로부터 수확물 중 최대 잔류량을 실험적으로 얻고, 다수 잔류성 시험결과의 변이성을 통계학적으로 평가하여 상위 95% 수준에서 설정한다.

국가별로 농약의 사용 실태, 재배 조건 및 농산물 별 식이섭취량이 상이하므로 설정되는 MRL 수치도 국가별로 다를 수 있다. 국제적 농산물의 수출입을 위해서는 원칙적으로 자국의 MRL 수치를 적용하나, 국제적으로는 국제식품규격위원회(Codex Alimentarius Commission, FAO/WHO) 산하 잔류농약위원회(Codex Committee on Pesticide Residues, CCPR)에서 설정한 MRL도 사용되고 있다.

나 농약안전사용기준

잔류허용기준을 충족시킬 수 있는 농약 사용방법에 따라 농약안전사용기준이 설정된다. 즉, 살포 농약의 잔류 소실 특성 등을 고려하여, 수확 전 살포 가능 시기와 최대 살포 회수를 지정한 기준이다.

안전사용기준에서는 ① 대상 농작물 ② 제형 및 살포 방법 ③ 사용 시기 특히 수확전 최종 살포일(pre-harvest interval, PHI) ④ 사용 횟수를 지정한다. 이 중 PHI가 최종 잔류수준에 가장 큰 영향을 미친다.

✣ 농약안전사용기준 예시

품목명	작물명	대상 병해충	사용방법	사용량	안전사용기준	
					사용시기	사용횟수
만코제브 수화제	포도	새눈무늬병	발병 초 10일 간격, 경엽 처리	500배	수확 30전까지	3회 이내
비펜트린 유제	포도	꽃매미	다발생기, 경엽 처리	1,000배	수확 14전까지	3회 이내

✣ 농약안전사용기준 원칙

◆ **방제대상(작물, 적용 병해충)에 등록된 농약 선택**
- 약효가 검증된 농약으로 병해충에 적용해야 방제 효과 크며, 약해 우려 없음
- 농약의 오남용 방지로 약해 및 환경오염 예방

◆ **표준 희석 배수 및 정량 살포로 방제 효과 증대**
- 고농도, 소량 살포는 약효가 떨어지고 약해의 원인이 됨
- 수확 직전 고농도 살포는 생산물의 농약 잔류량을 높일 수 있음

◆ **작용 특성이 서로 다른 농약을 바꾸어 가며 살포**
- 동일 약제의 계속 사용시 내성 발생으로 약효 떨어짐
- 작용특성이 서로 다른 농약을 번갈아 가며 사용하여 방제 효과 유지

◆ **농약 안전사용기준 준수**
- PHI는 생산물의 농약잔류허용기준을 초과하지 않는 농약 사용 방법
- 안전 농산물 생산을 위해 반드시 준수해야 함

3. 농약의 중독과 응급처치

농약의 중독은 그 발현 정도에 따라서 급성중독(acute toxicity)과 만성중독(chronic toxicity)으로 구분한다. 급성중독은 농약 사용 시 부주의하여 중독되었을 때 또는 자살, 타살용으로 음독하였을 때에 주로 발현되며, 만성중독의 경우는 식품 섭취 시, 식품/농산물 중에 잔류된 농약이 인체 내에 흡수, 축적되어 일어날 수 있다. 농약에 중독되었을 때에는 의사의 진찰 및 지시에 따라 치료하는 것이 최선의 방법이지만, 중독의 정도에 따라서 의사가 도착하기 전에 또는 병원으로 가기 전에 일차적으로 생명을 구하고 치명적인 상황을 벗어나기 위한 응급조치를 하여야 한다. 응급조치는 손쉽게 가능하며 가벼운 중독은 증상을 크게 완화할 수 있다.

가 농약 중독의 원인

농약 음독의 경우와 같이 부적절한 혹은 부주의한 농약 중독 사고는 위험한 결과를 초래할 수 있다. 자살 또는 실수에 의한 음독 상황 외에는 농약을 살포할 때 방제복이나 마스크 등 보호장비의 미착용, 또는 농약이 살포된 포장에서 작업을 하면서 농약 살포액이 피부에 부착한다든가 눈을 통하여 농약이 체내에 침투하여 영향을 주는 경우, 호흡기 내로 흡입되어 독성을 일으키는 경우이다. 이런 경우는 치명적인 중독증상은 거의 없으나 경미한 중독증상이 발현될 수 있고, 일상 작업 중에 또는 농약 사용 중에 반복적으로 노출될 수 있으니 농약 방제 구역에서는 각별한 주의가 필요하다.

나 농약 중독 증상

권태감, 두통, 인후통, 현기증, 구토, 운동 실조, 타액이나 땀의 다량 분비, 가래, 설사, 복통 등 가벼운 증상이 있고, 중증도 증상은 수족의 경련, 보행 곤란, 혀, 얼굴의 지각이상 등이다. 심하면 전신경련, 의식 혼탁, 폐수종, 호흡곤란, 마비, 쇼크, 사망에 이른다. 눈에 나타나는 현상으로는 동공축소 또는 동공확대, 다량의 눈물, 안통, 결막충혈, 각막백탁, 결막염 등이 있고 피부에는 붉은 반점, 발진, 작열감, 수포, 색소 침착, 각화증 등의 증상을 볼 수 있다.

다 농약 중독에 대한 응급조치

응급조치의 제일 중요한 점은 농약을 가능한 한 빨리 중독자의 체외로 제거하여 체내 흡수를 방지하고, 환자를 안정시켜 체력 소모를 방지하는 것이다. 대표적인 응급조치는 구토, 장세척(설사), 피부 세척, 눈세척 등이 있다. 구토는 음독 후 즉시 토하도록 해야 하는데 손가락이나 숟가락 자루 등을 입안에 넣어 인후를 자극하여 토하게 해야 한다. 컵 1잔의 물을 마시게 한 후 행하면 토하는 것이 더 용이해 진다. 일반적으로 따뜻한 소금물을 마시게 하여 구토시키거나, 우유나 계란 흰자위를 먹인 후 구토시키는 것도 좋은 방법이다.

음독 후 2시간이 지나면 많은 양의 농약이 장으로 내려가게 되기 때문에 구토에 의한 효과를 기대하기 어렵다. 따라서 장세척을 하게 되는데, 장세척은 장에 흡수되는 것을 방지하기 위하여 설사를 시키는 방법이다. 설사제로서는 황산마그네슘(magnesium sulfate) 15g, 또는 황산소다(sodium sulfate) 15g을 물(300ml)에 타서 마시거나 장에 주입하면 설사를 일으킬 수 있다. 이때 활성탄(깨끗한 숫가루도 이용이 가능함)을 설사제와 함께 복용하면 약물을 흡착하여 설사시키므로 더욱 효과적이다. Mineral oil emulsion(30ml) 또는 caster oil(15ml) 등도 사용된다. 중금속 농약에 중독되었을 때에 2%의 탄닌산 이나 계란 흰자위, 우유 등을 중화제로 사용할 수 있다.

피부 노출이나 접촉으로 중독된 경우에는 농약이 오염된 작업복을 벗기고 피부를 비눗물로 깨끗이 씻은 다음에 안정시켜야 한다. 농약이 눈에 들어가 안통이 오거나 눈물이 나오는 경우에는 즉시 수돗물이나 흐르는 물에 눈을 씻은 다음 따뜻한 물(약 38 ℃)에 얼굴을 잠기게 하고 눈을 깜박거리게 하여 눈을 씻는다.

흡입으로 중독되었을 때에는 환자를 신선한 장소에 눕히고 의복을 느슨하게 하여 호흡을 쉽도록 해 주어야 한다. 심한 경우에는 인공호흡을 시킨다. 농약의 중독에 대하여 환자가 과도하게 불안해 하거나, 흥분되어 있을 때에는 순환계에 부담을 주어 체력 소모를 가져오므로 안정제를 투여하여 안정시켜야 하며 환자의 의식이 혼미할 때에는 카페인 음료수를 마시게 하는 것이 효과적이다.

∴ 농약 중독에 따른 해독제

농약	해독제
유기인계	황산아트로핀, PAM(플랄리독심)
카바메이트계	황산아트로핀
피레트로이드계	황산아트로핀
디티오카바메이트계	항히스파틴, 스테로이드제
칼탑, 티오사이크람계	BAL(디멀카프롤), 글루타치온 등 SH계 해독제
메틸브로마이드, EDB계	BAL, 아미노페린, 항경련제
유기염소계	항경련제
유기비소계	BAL

4. 환경독성

토양 혹은 식물의 지상부에 살포된 농약은 토양, 대기, 물, 식물 등에 잔류하며 다양한 경로를 통해 이동 분포한다. 농약의 환경 중 잔류는 농약 성분의 이화학적 특성, 제제 형태, 사용법에 따라 달라질 수 있으며, 이외에도 환경 조건(토양 특성, 수계 특성, 기상 조건, 광노출 특성 등), 재배작물의 특성, 환경미생물의 특성에 따라 달라진다.

농약의 이화학적 특성에 따라 토양광물과 결합하거나 토양유기물과 결합특성이 높은 물질은 토양 내 이동성이 현저히 낮아 잔류 가능성이 높고, 수용성이 높고 토양과의 결합특성이 낮은 성분은 수계이동성이 높다. 또한, 환경에 노출된 농약성분은 광학적, 화학적, 생물학적 분해 과정으로 소멸되거나 생물농축되어 독성이 증가하기도 한다.

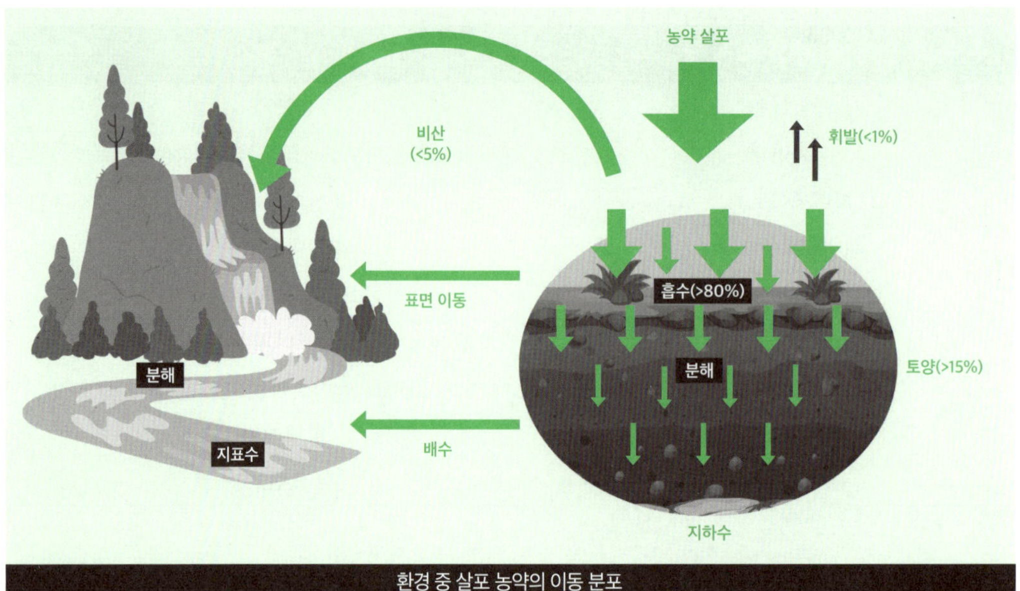

환경 중 살포 농약의 이동 분포

가 토양 중 농약

농약의 토양 중 잔류는 농약 및 토성을 포함하여 다음과 같은 요인에 의해 주로 영향을 받으며 이들 각 요인이 복합적으로 영향을 미친다.

① **농약의 특성**: 화학적 성질(안전성), 물리적 성질(휘발성, 용해성, 흡착성 등)
② **농약의 처리 방법**: 제형, 살포량, 살포 방법 및 시기, 살포 빈도 등
③ **작물 재배 방법**: 작물의 종류 및 형태, 경작법, 시비, 관개 등
④ **기상**: 온도, 강우, 광, 바람 등
⑤ **토양**: 토양구조, 유기물 함량, 토성(특히 점토), 점토의 종류, 금속원소의 종류, 금속원소의 함량, pH, 양이온 치환용량(CEC), 수분, 온도 등

우리나라는 농약을 등록할 때 토양 중 반감기가 180일 이내인 농약으로 한정하고 있으며 반감기가 180일 이상이면서 후작물에 영향을 주는 농약을 토양 잔류성 농약으로 규제를 하고 있다. 국외에서는 토양 중 반감기가 1년 이상인 것을 토양 잔류성 농약이라고 한다. 현재 우리나라에 유통되는 농약 95% 이상이 토양 중 반감기가 100일 미만이다.

경작지에 살포된 농약이 토양에 결합하지 않고 강우 혹은 물과 함께 이동하는 경우 하천수, 지하수 등 환경에 잔류하게 된다. 농약 등 화학물질의 토양 용탈특성은 GUS 모델로 평가하며, 그 값이 2.8 이상인 경우 토양용탈 특성이 높아 수계 오염 가능성이 높은 것으로 평가하고, 1.8 이하 인 경우 용탈가능성이 없는 것으로 간주한다.

✣ 농약의 토양이동성 [GUS 모델]

- 경작지에 살포된 농약이 토양에 결합하지 않고 강우 혹은 물과 함께 이동하는 특성을 평가한 값
- GUS 값이 2.8 이상인 경우 토양 용탈 특성이 높아 수계 오염 가능성이 높음
- GUS 값이 1.8 이하인 경우 토양 용탈가능성이 없는 것으로 간주 [토양 부착성이 높음]

파라콰트, 다이콰트 등 양이온성 농약은 토양 교질과 결합력이 높아 점토질 토양에 쉽게 흡착되며, 2,4-D, 디캄바 등 음이온성 농약은 토양 교질에 흡착되지 않아 강우시 쉽게 용탈되어 주변 지역에 약해를 일으키기 쉽다.

다이아지논은 산성 용수에서 분해가 빠른 것으로 알려져 있고, 유기인계 농약은 알칼리 용수에서 분해가 빠른 것으로 알려져 있다. 또한, 퍼메트린 등 피레트린계 농약은 광분해가 빠른 것으로 알려져 있다.

환경 잔류성과 생물농축성이 높은 물질 중 위해 우려가 있는 물질은 잔류성유기오염물질(POPs)로 규정하고 있으며, 유기염소계 농약류가 대부분 여기에 포함되어 사용금지 되었다. 예) DDT, BHC, 엔도설판 등

국내에서는 토양환경 중 잔류반감기가 180일을 초과하는 경우 등록이 금지되어 있다.

✣ 제초제의 토양 이동성

이동성	약제명
대	2,4-D, 디캄바, 메코프로프, MCPA 등
중	알라클로르, 리누론, 프로메트린, 시마진 등
소	파라콰트, 니트랄린, 트리플루랄린 등

출처: 『농약 바르게 이해하기』, 농촌진흥청, 2019.

나 대기 중 농약

살포된 농약이 토양이나 작물에 부착된 후 휘발되어 가스 상태로 존재하거나 살포 중 대기로 비산되거나 부유분진에 흡착되는 경우 고체상태로 존재하며 대기오염 혹은 약해의 원인이 된다. 대기 중 잔류농약은 장거리 이동이 가능하다.

휘발성이 높은 약제의 경우 기화되어 대기 중 잔류할 수 있으며, 2,4-D 에스테르 물질은 증기압이 높아 쉽게 기화되어 주변 작물에 약해를 유발한다.

다 농약의 수서생물에 대한 독성

수서생물에 대한 농약의 독성은 약제별로 다양하지만 유기염소계 살충제는 비교적 어독성이 강하다고 알려져 있어 대부분의 약제는 현재 생산 및 사용이 금지되어 있다. 또한 환경에서 매우 안정한 화합물이므로 먹이사슬을 통해 수서생물 체내에 축적되어 생태계 내에서 생물농축(生物濃縮, bioconcentration)의 원인이 되기도 한다. 유기인계 농약은 일부 약제를 제외하면 담수어(淡水魚)에 대한 독성은 낮은 편이지만, 특정 유기인계 농약은 특정 어류에 높은 독성을 보이기도 한다. 또한 실험실 내에서 조사한 결과에 의하면 많은 유기인계 농약이 피라미, 잉어 등의 등(背)이 굽어지는 것과 같은 기형어 발생 원인이 되는 경우도 있다. Carbamate계 살충제의 대부분은 담수어 및 패류에는 낮은 독성을 보이나 갑각류에 대한 독성은 높은 편이다. Pyrethroid계 살충제는 대부분 어독성이 강한 것으로 알려져 있지만 일부 농약은 어독성이 낮아 벼농사용으로도 사용이 가능하다.

농약에 대한 수서생물의 독성 여부를 평가하는데 잉어(*Cyprinus carpio*), 송사리(*Oryzias lapites*) 및 미꾸리(*Misgurnus anguillicaudatus*), 물벼룩(*Daphnia magna*), 조류(*Selenastrum caprocorntum*)의 생물종이 활용되고 있다.

1) 농약의 어독성

수생생물에 대한 독성 중에서 대표적인 것은 어류에 대한 독성으로 어종, 생육 상태 등에 따라서 상이하나 일반적으로 3~5cm 정도 자란 잉어, 2~3cm 정도의 송사리, 5~10cm 정도 자란 미꾸리에 농약을 투여하여 48시간 후 및 96시간 후의 반수 치사농도(半數致死濃度, LC_{50})를 조사하여 독성 정도에 따라 어독성을 분류하여 관리하고 있다.

벼 재배용 농약으로서 어독성이 I급으로 구분되는 농약은 환경생물에 해를 줄 우려가 있는 것으로 판정하여 사용제한을 두고 있다. 다만, 사용량, 제제의 형태, 사용 방법, 이화학 특성 등을 고려하여 평가한 결과 안전성이 확보되는 경우에는 그러하지 아니할 수 있다.

구분	I급	II급	III급	면제
LC_{50}(mg/L, 48hr)	0.5 미만	0.5 이상 ~ 2.0 미만	2.0 이상	훈증제
2,142 품목	404(18.9%)	338(15.8%)	1,395(65.1%)	5(0.2%)

* 면제 5품목: 에틸포메이트 훈증제(3), 포스핀 훈증제, 에탄디니트릴 훈증제, 자료: 『농촌진흥청』, 2022.

라 생물농축(生物濃縮, Bioconcentration)

생물농축(生物濃縮, bioconcentration)이란 화학적으로 안정하고 지질 등의 생체성분과 결합하기 쉬운 지용성 농약을 연속하여 섭취하면 이들 농약은 대사 배설이 어려워 동물체 내에 계속 축적되어 물, 토양 등의 환경과 먹이 중의 농약 농도보다 체내 농도가 높게 나타나는 현상을 일컫는 말이다. 즉, 생물농축은 먹이연쇄의 꼭대기에 위치하는 동물에 영향이 커서 계속 진행되면 상위 포식자인 동물, 인간에도 축적되어 만성독성이 나타날 수 있다.

생물농축은 먹이사슬(food chain)을 통하여 일어나는데 체내에 농약을 축적하고 있는 생물이 다른 생물의 먹이가 되면서 원래 먹이생물이 함유하고 있던 농약 성분이 포식생물의 체내로 이동하게 된다. 대표적인 사례는 1960년대초 미국에서 매, 솔개 등 맹금류가 급격히 감소하는 등의 문제가 발견되었는데, 이의 원인이 생물농축성이 강한 DDT, BHC 등으로 밝혀지면서 해당 농약의 사용이 금지되었다. 이처럼 농약의 생물농축성과 분해성 및 잔류성은 인간뿐 아니라 자연계의 생물종이 농약에 노출되는 정도를 결정하는 주요 인자이며, 생물농축성은 농약이 수계로 이동한 후 수생 생태계에 영향을 미쳐 수생생물의 만성적인 독성을 유발할 가능성과 먹이연쇄를 통한 인체의 축적 가능성이 판단 기준이 된다.

생물농축성은 환경 매체에서 환경 생물로의 전이 정도를 평가하는 방법으로 환경 중 잔류농도 대비 생물체의 잔류농도의 비로 나타내며, 이를 BCF(생물농축계수, Bioconcentration factor)로 표현한다.

$$\text{생물농축계수(BCF)} = \frac{\text{생물중 농도(mg/kg)}}{\text{환경중 농도(mg/kg)}}$$

이러한 생물농축계수는 물질의 이화학적 특성값인 분배계수(logP)와 높은 상관관계를 갖는 것으로 알려져 있다.

핵심 내용 정리

1. 농약 독성에서 사용하는 전문 용어

- 급성독성, 아급성 독성, 만성 독성, 경구 독성, 경피 독성, 흡입 독성
- LD_{50}, LC_{50}, NOAEL, ADI

2. 농약 독성 구분표

- 농약 제품의 독성 구분표(I, II, III, IV급 분류), 경구 및 경피 분류, 고상 및 액상 농약 독성 분류
- 농약 제품 어독성 분류표

3. 농약의 안전사용기준 이해하고 포함 내용 알아두기

4. 농약의 증독에 관한 내용과 중독 사고 발생시 처리 가능한 응급조치 방법

5. 생물농축성에 대한 이해

기출 및 예상문제

1. 기출

농약허용물질목록관리제도(PLS)에 대한 설명으로 옳지 않은 것은?

① 잔류허용기준이 설정되지 않은 농약의 사용을 금지한다.

② 잔류허용기준이 설정되지 않은 농약에 대해서는 잠정 기준을 적용한다.

③ 미등록 농약의 경우 일률적으로 0.01ppm 기준을 적용한다.

④ 같은 해충도 작물이 다르면 농약의 사용기준을 다시 평가해서 등록해야 한다.

⑤ 우리나라에서는 2019년 1월 1일부터 전면 시행되었다

2. 기출

농약중독 원인과 방지책에 대한 설명 중 옳지 않은 것은?

① 피부 오염 시 약액이 묻은 옷을 벗기고 비눗물로 목욕을 한다.

② 음독에 의한 중독 시 따뜻한 소금물을 마시게 해서 토하게 한다.

③ 우유를 마시면 약물을 중화시킬 수 있다.

④ 피부염이 일어나면 항히스타민 연고를 바른다.

⑤ 흡입에 의한 중독 시 통기가 잘 되는 곳으로 옮겨 단추와 허리띠를 풀어 호흡을 돕는다.

3. 기출

어독성 II급에 해당하는 LD_{50} 값은?

① 0.2mg/L ② 0.4mg/L
③ 1.4mg/L ④ 2.4mg/L
⑤ 3.4mg/L

4. 기출

경구 독성에 의한 농약 독성 평가 시 고독성 기준에 해당하는 액상 농약의 LD_{50} 값은?

① 50mg/kg ② 150mg/kg
③ 250mg/kg ④ 350mg/kg
⑤ 450mg/kg

5. 기출

농약이 생태계에 잔류되어 생물체 내에 축적되는 생물농축 현상과 이를 계수로 나타낸 생물농축계수(Bioconcentration factor, BCF)에 대한 설명 중 옳지 않은 것은?

① 농약의 증기압과 수용성이 낮을수록 생물농축 경향이 강하다.

② 생물체 내에서 배설 속도가 느릴수록 생물농축 경향이 강하다.

③ BCF는 생물 중 농약의 농도를 생태계 중 농약의 농도로 나눈 것이다.

④ 수질 중 농약의 농도가 1이고 송사리 중 농도가 10이면 BCF는 10이다.

⑤ 농약이 옥탄올/물 양쪽에 분배되는 비율인 분배계수(LogP)가 높을수록 BCF는 낮아진다.

6. 기출

토양 중 농약의 동태에 관한 설명으로 옳은 것은?

① 볏집 등 신선 유기물 첨가는 토양 중 농약의 분해를 늦춘다.

② 식양토에서 농약의 분해와 이동이 빨라지고 잔류는 적어진다.

③ 토양 중 농약의 분해는 주로 화학적 분해이고, 미생물 분해는 없다.

④ 부식 함량이 높은 토양에서 흡착이 많고, 분해가 늦어진다.

⑤ 농약의 토양흡착은 토성에 따라 다르고, 농약 제형의 영향은 없다.

7. 기출

농약의 안전사용기준에 설정되어 있지 않은 것은?

① 대상 작물 및 병해충

② 수확 전 최종 사용시기

③ 사용 제형 및 처리방법

④ 사용시기 및 최대 사용횟수

⑤ 전착제 사용 여부 및 사용량

8. 기출

농약의 잔류허용기준 제도에 관한 설명 중 옳지 않은 것은?

① 농약 및 식물별로 잔류허용기준은 다르다.

② 농약잔류허용기준은 농약관리법에 의하여 고시된다.

③ 일본과 유럽, 대만 등은 PLS 제도를 한국보다 앞서서 운영하고 있다.

④ 한국에서 잔류허용기준 미설정 농약은 불검출 수준(0.01mg/kg)으로 관리한다.

⑤ 적절한 사용법으로 병해충 방제하는데 필요한 최소한의 양만을 사용하도록 유도한다.

9. 기출

한국에서 시행 중인 농약의 독성관리제도에 관한 설명으로 옳지 않은 것은?

① 동일 성분의 경우 고체 제품보다는 액체 제품의 독성이 더 높게 구분되어 있다.

② ADI(1일 섭취허용량)는 농약잔류허용기준 설정의 근거가 된다.

③ 농약살포자의 농약 위해성 평가에 대한 중요한 요소는 노출량이다.

④ 농약제품의 인축독성은 경구독성과 경피독성으로 구분하여 관리하고 있다.

⑤ 농약제품의 독성은 I(맹독성), II(고독성), III(보통 독성), IV(저독성)급으로 구분하고 있다.

10. 기출

농약의 안전사용기준에 관한 설명으로 옳지 않은 것은?

① 작물, 방제 대상, 살포 방법, 희석 배수 등이 표시되어 있다.

② 최종 살포 시기와 살포 횟수를 명시하여 안전한 농산물을 생산할 수 있게 한다.

③ 안전사용기준 설정은 병해충 발생 시기와 잔류 허용 기준을 동시에 고려해 설정한다.

④ 농약 사용 환경을 고려해야 하므로 농약 등록 후 경과 기간을 두고 설정하는 것이 원칙이다.

⑤ 농약 판매업자가 농약 안전사용기준을 다르게 추천 하거나 판매하는 경우에는 500만원 이하의 과태료가 부과된다.

11. 기출

반감기가 긴 난분해성 농약을 사용하였을 때 발생할 수 있는 문제점으로 옳지 않은 것은?

① 토양의 알칼리화

② 토양 중 농약 잔류

③ 후작물의 생육 장해

④ 잔류농약에 의한 만성 독성

⑤ 생물농축에 의한 생태계 파괴

12. 기출

농약관리법에 의한 맹독성의 판정기준은?

① 급성 경구 독성이 고체는 5mg/kg, 액체는 20mg/kg미만

② 급성 경구독성이 고체는 5mg/kg, 액체는 40mg/kg미만

③ 급성 경구독성이 고체는 10mg/kg, 액체는 50mg/kg미만

④ 급성 경구독성이 고체는 10mg/kg, 액체는 100mg/kg미만

13. 기출

농약의 생물농축의 정도를 수치로 표현한 생물농축계수(BCF)를 바르게 설명한 것은?

① 수질환경 중 화합물 농도에 대한 생물체 내에 축적된 화합물의 농도비를 말한다.

② 농작물에 살포된 농약의 농도에 대한 생물체 내의 독성정도를 나타내는 농도비를 말한다.

③ 농작물에 살포된 농약의 농도에 대한 인체에 흡입독성의 정도를 나타내는 농도비를 말한다.

④ 재배 중인 작물에 살포된 농약의 농도에 대한 잔류되는 농약의 농도비를 말한다.

14. 기출

생물농축계수(BCF)란 생물농축의 정도를 수치로 표현한 것을 말한다. 수질 중의 화합물의 농도가 1ppm이고, 송사리 중의 농도가 10ppm이라면 이 화합물의 생물농축계수는 얼마인가?

① 1 ② 10
③ 100 ④ 1000

15. 기출

잔류성 농약의 분류에 속하지 않는 것은?

① 작물 잔류성농약 ② 토양 잔류성농약
③ 수질 오염성농약 ④ 대기 오염성농약

16. 기출

농약의 토양 잔류에 대한 설명으로 옳지 않은 것은?

① 유기염소계 농약은 환경에서 매우 안정하므로 토양 중에 오래 잔류한다.
② 아닐린유도제는 토양 중에서 토양입자에 강하게 흡착되므로 오래 잔류한다.
③ 수화제나 유제와 같이 물에 희석해서 사용된 약제는 분제나 입제보다 토양에서 분해가 빨라진다.
④ 일반적으로 유기물함량이 높은 토양에서 농약의 분해가 촉진된다.

17. 기출

토양 잔류성농약이라 함은 토양 중 농약의 반감기간이 며칠 이상인 농약으로서 사용결과 농약을 사용하는 토양에 그 성분이 잔류되어 후작물에 잔류되는 농약을 말하는가?

① 30일 ② 60일
③ 90일 ④ 180일

18. 기출

농약과 관련한 용어 중 영문 약어가 바르게 연결되지 않은 것은?

① 잔류허용기준 - MRL
② 일일 섭취허용량 - ADL
③ 최대무작용량 - NOEL
④ 질적위해성 - QRA

19. 기출

농약의 독성표시 방법으로 동물의 50%가 치사하는 약량을 나타낸 것은?

① LC_{50}　　② I_{50}
③ KD_{50}　　④ LD_{50}

20. 기출

농약의 독성을 급성독성, 아급성독성, 만성독성으로 구분하는 기준은?

① 농약의 투여 방법에 따른 구분
② 독성의 발현 속도에 따른 구분
③ 독성의 정도에 따른 구분
④ 독성의 발현 대상에 따른 구분

21. 기출

우리나라에서 농약 등록 시 농약안전성 평가 항목으로서 환경독성의 평가항목에 해당되는 것은?

① 급성독성　　② 어독성
③ 아급성독성　　④ 신경독성

22. 기출

농약의 잔류허용기준을(MRL)을 결정하는 요소가 아닌 것은?

① 최대무작용량(NOAEL)
② 안전계수
③ 농약 살포 횟수
④ 1일 섭취허용량(ADI)

23. 기출

NOAEL(No Observed Adverse Effect Level)이란?

① 일일섭취허용량
② 식품 중 잔류농약의 허용기준
③ 농약이 잔류할 우려가 있는 식품 중의 농약잔류 평균
④ 일생동안 매일 섭취하여도 아무런 영향을 주지 않는 약량

24. 기출

급성독성 강도의 순서로 옳게 나열된 것은?

① 흡입독성 〉 경피독성 〉 경구독성
② 경구독성 〉 흡입독성 〉 경피독성
③ 흡입독성 〉 경구독성 〉 경피독성
④ 경피독성 〉 경구독성 〉 흡입독성

25. 기출

농약의 잔류에 대한 설명 중 옳지 않은 것은?

① 작물잔류성농약이란 농약의 성분이 수확물 중에 잔류하여 농약잔류허용기준에 해당할 우려가 있는 농약을 말한다.

② 안전계수란 사람이 하루에 섭취할 수 있는 약량을 말한다.

③ 작물 체내의 잔류농약은 경시적으로 계속하여 감소한다.

④ 농약의 작물잔류는 사용횟수와 제제형태에 따라서 다르다.

26. 기출

농약의 안전사용기준을 설정하는 주된 목적은?

① 약해를 없애기 위하여

② 약효를 증대시키기 위하여

③ 농산물 중 잔류량이 허용기준을 초과하지 않도록 하기 위하여

④ 살포하는 농민의 편의성을 향상시키기 위하여

◆ 정답 및 해설: 183쪽

정답 및 해설

정답 및 해설

제1장 농약의 범위와 역할

1	2	3	4	5	6
②	③	②	③	②	④
7	8	9	10	11	12
④	④	④	⑤	④	③
13	14				
①	①				

1.

① 화학명: 화학원자의 체계적인 유기화학적 명명법 ② 일반명: 주요구조를 암시하는 단순화된 명명법 ③ 코드명: 농약 개발회사의 개발과정에서 붙이는 명칭 ④ 상표명: 농약제품 등록회사의 상업화된 이름 ⑤ 품목명: 농약제품의 제형이 명시된 이름

2.

우리나라 농약의 등록 및 유통에 관해서는 농약관리법에 의해 농촌진흥청장이 관리함

3.

1) 농작물을 해치는 병균, 곤충, 응애, 선충, 바이러스, 잡초 및 동식물(동물: 달팽이 조류 또는 야생동물, 식물: 이끼류 또는 잡목)을 방제하는 데에 사용하는 살균제, 살충제, 제초제
2) 농작물의 생리기능을 증진하거나 억제하는데 사용하는 약제(생장조정제)
3) 기피제, 유인제, 전착제 같은 약제

4.

농약의 구비조건 1) 우수한 약효, 2) 인축에 대한 안전성, 3) 농작물에 대한 안전성, 4) 생태계에 대한 안전성, 5) 제제의 용이성, 6) 합리적인 가격

5.

농약의 유효성분은 농약의 사용을 원활하게 하기 위하여 제제화가 되어야 하는데 농약 제제의 형태에 따라 붙여진 이름이 품목명(item name)이다. 동일한 유효성분이라 할지라도 제제 형태를 달리하여 여러 제형으로 만들 수 있기 때문에 붙여진 이름이다.
① 유효성분명을 계통으로 분류한 것이다
- 유사한 화학계통을 분류한 것으로 계열이라고 한다
③ 보조제 함량과 제제의 형태로 분류한 것이다
- 보조제의 함량과 종류는 분류되지 않는다
④ 유효성분 계통과 보조제 성분이 동일한 농약이다
- 보조제는 농약분류에 포함되지 않는다
⑤ 품목이 동일한 농약은 같은 상표명을 갖는다
- 같은 품목이라도 등록개발한 회사에 따라 상표명을 달리한다.

6.

농약의 분류법 ① 사용목적(살균제, 살충제, 제초제, 생장조정제) ② 제제형태(유제, 수화제, 분제, 입제 등) ③ 유기농약 또는 무기농약(유기농약:화학합성농약, 생물농약 등 무기농약: 금속, 토양 등에서 기원한 농약) ④ 작용특성(호흡저해제, 광합성 저해제 등)

7.

인축 및 환경생물에 대한 독성은 낮아야 한다.

8.

농약은 인축독성 및 생태계파괴 등의 부정적 영향을 최소화 하기 위해 선택성이 높아야 한다.

9.

위생해충제는 생활화학용품 등으로 분류되어 있고, 농약관리법상 농약으로 분류되지 않는다.

10.

INM은 복합영양(비료)관리로서 농작물에 대한 체계적인 영양공급에 관한 관리 시스템이다. Intergrated Pest Management(IPM, 종합 병해충 관리)방법이 농약의 오남용을 줄이기 위한 체계적인 생물학적 방법과 화학적 방법을 이용한 관리 시스템이다.

11.

작물에 피해를 주는 병해충에 천적은 해당하지 않는다.

12.

농약의 품목유효기간은 10년이다.

13.

안전사용기준에서 저장량에 대한 제한사항은 규정하고 있지 않다.

14.

농약관리법의 정의에 해당하는 것.

제2장 농약의 분류

1	2	3	4	5	6
④	④	①	④	②	③
7	8	9	10	11	12
③	①	④	④	②	④
13	14	15	16	17	18
⑤	①	③	⑤	④	⑤
19	20	21	22		
③	①	③	⑤		

1.

메프로닐에 대한 설명이다.

2.

유기유황계의 종류인 만코제브에 대한 설명이다.

3.

테트라디폰은 디페닐유도체로 살비제로 사용된다.

4.

파라티온은 유기인계 살충제다.

5.

프로메트린은 트리아진계 제초제이다.

6.

거미강 응애목의 해충의 방제에 대한 설명으로 살비제가 해당된다. 살충제-곤충강에 속하는 해충 방제, 살선충제-선충 방제, 살연체동물제-달팽이류 방제

7.

무궁화점무늬병-진균류 유래병으로 살균제, 솔수염하늘소-곤충에 해당하므로 살충제, 가시박-잡초에 해당하여 제초제를 처방해야 한다. 살초제는 농약사용목적에 따른 분류에 해당하지 않는다.

8.

트리아진계는 제초제의 주요 유효성분계통에 해당하며, 시마진은 대표적인 제초제이다.

9.

이프로벤포스-살균제, 디메토모르프-모르포린계, 메소밀-카바메이트계

10.

디티오카바메이트계 농약에는 만코제브 등이 있으며, 살균제의 주요 유효성분계통이다.

11.

크레속심메틸은 스트로빌루린계 살충제이다.

12.

농약의 ① 분류법 사용목적(살균제, 살충제, 제초제, 생장조정제) ② 제제형태(유제, 수화제, 분제, 입제 등) ③ 유기농약 또는 무기농약(유기농약:화학합성농약, 생물농약 등 무기농약: 금속, 토양 등에서 기원한 농약) ④ 작용특성(호흡저해제, 광합성 저해제 등)

13.

흡수된 농약의 이동 중 농약의 안정성에 대해 정의하지 않고 있다.

14.

비펜트린은 피레트로이드계 합성 살충제 이다. 해당계통의 천연살충제로 피레트린이 있다.

15.

MBI계 살균제에 제한하여 식물의 표면에 부착된 병원성 진균류의 식물체 침입을 막아준다.

16.

이미다클로프리드 등은 네오니코티노이드계 살충제에 해당한다.

17.

옥시테트라사이클린은 세균성 병 방제에 사용되도록 등록되어 있다.

18.

말라티온은 유기인계 살충제이다.

19.

아미트라즈는 살응애제로 등록되어 있다.

20.

메탐소듐은 소나무재선충병 방제용으로 등록된 훈증제다.

21.

유기인계 살충제는 광 노출에 의한 가수분해 우려가 높다.

22.

무기구리제는 보호용살균제로 주로 경엽처리제로 사용된다.

제3장 농약의 제형

1	2	3	4	5	6
③	⑤	④	④	④	④
7	8	9	10	11	12
⑤	③	⑤	⑤	④	⑤
13	14	15	16	17	18
①	③	②	④	④	②
19	20	21	22	23	24
④	②	④	③	③	①
25	26	27	28	29	30
②	④	③	②	①	①
31					
③					

1.

분말 형태의 제형중 물에 녹지 않는 원제를 사용하는 것은 분제임

2.

물과 섞일 수 있는 제형은 희석살포제이며 입제는 직접살포제임

3.

원제를 물 또는 극성용매에 녹여 만드는 제형은 액제임

4.

원제를 극성용매에 녹여 만드는 액제의 변형 형태로 물에 희석하면 서로 분리 되지 않고 미세입자로 분산되는 특징이 있음

5.

저항력이 생긴 살충제의 효과를 증진 시킬 목적으로 사용 중이며 체내 침투 살충제의 분해작용을 하는 대사 작용을 방해 시킨다.

6.

액제는 원제가 수용성 또는 알콜 용매에 녹는 성분이어야 하며 동결방지제와 계면 활성제를 투여하여 제조하며 살포액을 만들면 맑은 액체 상태가 된다.

7.

계면활성제는 동일 분자내에 친유성기와 친수성기를 가져, 기체/액체, 액체/액체, 액체/고체 등의 성상에서 서로 섞이지 않는 유기물질층과 물층으로 이루어진 두 층계에 첨가하였을 경우의 계면에 흡착하여 계면의 성질을 현저히 변화시키는 물질로서 계면활성을 나타내는 물질을 총칭하는 것으로 확전, 유화, 분산, 가용화, 기포, 세정 등의 작용이 있고, 농약 제제에서는 유화제(emulsifier), 분산제(dispersing agent), 전착제(spreader), 가용화제(solubilizer)등의 용도로 사용 중이다. 농약액과 엽면사이의 접촉각을 낮추어 살포액이 확전하게 한다.

8.

무인항공기나 드론 등 항공 방제에 이용하는 미량살포기 사용에 적합한 액상형 용액 제형

9.

훈증제는 증기압이 높은 농약의 원제를 액상, 고상 또는 압축가스상으로 용기 내에 충진한 것으로 용기를 열 때 유효성분이 대기 중으로 기화하여 병해충을 방제하도록 설계된 제형이다. 주로 밀폐된 장소에서의 저장곡물 소독용이나 작물재배지의 토양소독용으로 사용된다.

10.

제제의 목적은 소량의 유효성분을 넓은 지역에 균일하게 살포하고 사용자의 편이성을 위한 것이다. 농약 유효성분의 대부분은 물에 잘 녹지 않으므로 이를 농가에서 사용이 가능한 희석용수에 손쉽

게 분산될 수 있는 형태로 조제하거나 직접 살포 가능한 형태로 변형시켜야 한다. 셋째로는 최적의 약효 발현과 최소의 약해 발생을 위한 것이며, 이는 유효성분의 특성에 가장 적합한 살포형태로 조제하고 적절한 보조제를 첨가함으로써 가능하다. 넷째는 유효성분의 물리화학적 안정성을 향상 시켜 유통기간을 연장하거나 보다 안전한 형태로 살포자에 대한 안전성을 향상 시키고자 하는 데에도 제제의 중요한 목적이 있다.

11.

HLB는 친수-친유 균형비로서 농약의 유효성분, 함량, 사용용수 등에 따라 동일한 계면활성제라도 그 계면활성 정도가 변화하므로 실용적으로는 친수성/친유성기 비율이 다른 몇 가지 계면활성제를 서로 혼합하여 최적의 균형치가 얻어지도록 실험적 방법을 사용한다. 비이온계 계면활성제에 주로 이용하며 범위는 0~20이다. 숫자가 적을수록 친유성(지용성)이다.

12.

액제는 원제가 수용성이며 가수분해의 우려가 없는 경우에 물 또는 메탄올에 녹이고 계면활성제나 동결방지제(ethylene glycol 등)를 첨가하여 제제하는 액상 제형이다. 살포액은 용액으로 투명한 상태가 된다. 액제는 저장 중 동결에 의하여 용기가 파손될 우려가 있으므로 겨울철에 저장할 때에는 각별한 주의가 요망된다.

13.

증량제는 농약 원제의 희석 또는 흡착 뿐만 아니라, 증량제에 따라 농약의 약효에도 큰 영향을 미치므로 증량제의 이화학적 성질은 농약의 제제시에 매우 중요하다. 주로 광물질 증량제가 이용되며, 벤토나이트, 규조토, 점토, 활석, 탄화칼슘, 납석 등이 있다. 증량제의 가비중은 적용 제형에 따라 기준이 달리 요구되며, 입제에서 일정 강도가 요구된다. 또한, pH에 민감한 유효성분이 있으므로, 증량제의 pH도 중요한 요건에 해당한다. 광물성 증량제가 식물성 증량제 보다 저렴한 특성이 있다.

14.

수화제의 물리성 중 중요한 것은 입자의 크기와 현수성이다. 현수성은 살포액 조제 후에 분산된 약제가 침전되지 않고 물 중에 분산하는 성질이다.

15.

분제는 직접살포용 약제의 제형이다.

16.

분제는 직접살포용 고형 약제로 현수성, 유화성, 수화성, 습전성 등은 물리적 성질에 해당되지 않으며, 용적비중과 비산성이 해당된다.

17.

과립수화제는 희석살포용 제형이다.

18.

수화제에 대한 설명이다.

19.

분제, 입제는 고체시용제에 해당한다.

20.

유탁제는 유기용제의 사용을 줄이기 위해 소량의 유기용매를 사용하도록 제조되어 유제와 차별성이 있다.

21.

수화제에 대한 설명이다.

22.

수면전개제의 특성으로 수면에서 약액의 농도가 일정하게 유지되는 것이 중요하다.

23.

유탁제는 희석살포제이다.

24.

종자처리수화제는 파종 종자에 사용하는 약제로 작물경작지에 사용하지 않아 투입량이 가장 적다.

25.

제형의 특성과 약효의 정도는 큰 상관성이 없다.

26.

고체 시용제는 물과 희석하여 사용하지 않으므로, 현수성은 고제 시용제의 물리적 성질의 구성 요건에 속하지 않는다.

27.

고체 분말입자가 수중에서 분산 부유하는 성질로 현수성에 대한 설명이다.

28.

보호살균제는 식물의 지상부에 살포되어 병 침투를 예방하여야 하므로 물리적 성질로는 부착성과 고착성이 중요하다.

29.

pH는 해당하지 않는다.

30.

저비산분제는 직접살포제인 분제의 특성 중 가비중을 증가시켜 비산을 저감시킨 제형으로 분산성은 해당하지 않는다.

31.

술폰가에 대한 설명이다.

제3장 보조제

1	2	3	4	5	6
①	③	④	③	③	③
7	8				
④	②				

1.

친수성 작용기는 $-OH$, $-CO_2H$, $-SO_4H_2$, $-CN$ 등이 있으며, $-CH_2OR$은 친유성 작용기에 해당한다.

2.

벤토나이트에 대한 설명이다.

3.

유화제는 농약의 보조제에 해당한다.

4.

주제는 농약의 유효성분으로 보조제에 해당하지 않는다.

5.

폴리옥시에틸렌은 전착제로 사용된다.

6.

벤토나이트는 수화제에 사용되는 증량제이다.

7.

에틸렌글리콜은 대표적인 동결방지제이다.

8.

식물생장조정제는 농약의 사용목적에 따른 분류의 한 종류이며, 보조제에 속하지 않는다.

제4장 농약의 사용법

1	2	3	4	5	6
⑤	④	②	⑤	④	④
7	8	9	10	11	12
④	②	③	①	②	①
13	14	15			
③	④	①			

1.

$$\underset{(\text{mL 또는 g})}{\text{소요 제품 농약량}} = \frac{160\text{L} \times 1{,}000}{800\text{배}}$$

2.

$$\underset{(\text{mL 또는 g})}{\text{소요 제품 농약량}} = \frac{10\text{L} \times 1{,}000}{2000\text{배}}$$

3.

$$\underset{(\text{mL 또는 g})}{\text{소요 제품 농약량}} = \frac{400\text{L} \times 1{,}000}{2000\text{배}}$$

4.

흉고직경 1cm 당 원액 1ml 소요, 용기용량 5ml이므로 4개의 용기 필요, 1퍼센트는 10,000 ppm임

5.

$$\underset{(\text{mL 또는 g})}{\text{소요 제품 농약량}} = \frac{100\text{L} \times 1{,}000}{500\text{배}}$$

10a 당 200g, 1ha = 100a

6.

고상 제형인 수화제를 충분히 저어서 분산되게 한 후에 유제를 넣어야 한다. 유제를 먼저 희석하면 수화제의 응결현상이 생긴다.

7.

유기인계 농약은 알칼리성 물질에 의하여 유기인계 농약에 포함되어 있는 인과 탄소 또는 산소 결합이 분해되기 쉽다.

8.

$$\underset{(\text{mL 또는 g})}{\text{소요 제품 농약량}} = \frac{4\text{말} \times 18\text{L} \times 1{,}000}{500\text{배}}$$

9.

가비중이 1.05이므로 유제 100mL의 무게는 105g이며, 0.05% 살포액으로 1000배 희석 제조하므로 살포액량이 105L, 물량은 정확히 104.9L가 필요하다.

10.

1000배 희석살포액 제조이므로, 100g의 약제가 필요하며, 비중 1.008을 나누어 부피를 구하면, 99.2mL가 필요하다.

11.

1000배 희석살포액 제조이며, 물량은 살포액량에서 약량을 제외한 량으로 99.9L이다.

12.

병해충의 종류는 약제 선정단계에서 고려한다.

13.

(0.4kg / 0.02)×0.94 = 18.8kg 〔총 조제량〕, 총 조제량에서 약량 0.4kg을 제외하면, 18.4kg의 증량제가 필요하다.

14.

살립기는 입제살포를 위한 기구이다.

15.

농약관리법에서 대기오염 농약에 관한 별도의 표기 규정은 없다.

제5장 살균제의 작용기작

1	2	3	4	5	6
④	①	④	②	②	③
7	8	9	10	11	12
④	①	③	②	②	④
13	14	15	16	17	18
①	①	③	②	⑤	①
19					
④					

1.

트리아졸계 살균제는 세포막 구성성분인 스테롤의 생합성과정을 억제한다.

2.

클로로피크린은 살균, 살충, 제초작용을 갖는 살생물제로 토양훈증제로 사용된다.

3.

카복신에 대한 설명이다.

4.

단백질합성 저해제로 병원성 세균에 선택적으로 작용한다.

5.

단백질합성 저해제로 병원성 세균에 선택적으로 작용한다.

6.

만코제브는 디티오카바메이트계 살균제이다.

7.

이프로벤포스는 인지질 생합성효소인 메틸전이효소를 저해한다.

8.

페녹사닐은 멜라닌생합성 과정의 탈수소효소 저해제이다.

9.

티플루자마이드, 카복신, 아족시스트로빈의 작용점은 미토콘드리아 복합체로 호흡저해작용이 있다.

10.

미생물유래 살균성분인 폴리옥신류는 병원균의

세포벽 생합성을 저해한다.

11.

지질과산화 작용(바3)으로 에트리디아졸이 약제로 등록되어 있다.

12.

트리아졸계 살균제로 스테롤 생합성과정의 탈메틸효소 기능저해작용(사1)을 갖는다.

13.

알라클로르는 클로로아세타미드계 제초제로 장쇄지방산생합성 저해작용제로 'H15'로 분류된다.

14.

두 성분 모두 트리아졸계 살균제로 작용기작 사1의 스테롤합성저해제이다.

15.

작용기작 '사1'은 스테롤생합성 저해이다.

16.

테부코나졸은 트리아졸계 살균제로 작용기작 '사1'에 해당한다.

17.

제시된 농약은 모두 신호전달제로서 살리실산의 역할을 나타내어 기주식물의 병저항성을 유도한다.

18.

스트렙토마이세스 그리세우스에서 처음 분리된 항생물질로 세균병 방제에 사용된다.

19.

에르고스테롤생합성 저해는 스테롤생합성 억제와 관련된다.

제5장 살충제의 작용기작

1	2	3	4	5	6
①	④	③	④	①	②
7	8	9	10	11	12
③	②	①	③	③	③
13	14	15	16	17	18
③	③	③	⑤	②	④
19	20	21	22	23	
④	①	①	③	⑤	

1.

기계유에 대한 설명이다.

2.

유기인계의 살충제로 아세틸콜린가수분해효소 교란을 통한 신경작용제이다.

3.

유기인계의 페니트로티온에 대한 설명이다.

4.

제충국에서 유래한 천연 살충제로 신경독 작용이 있다.

5.

피레스로이드계 살충제는 접촉독제 및 소화중독제로 신경계에 작용한다.

6.

BT톡신으로 불리는 미생물유래 독소단백질로 곤충의 중장 세포막을 파괴한다.

7.

클로펜테진과 에톡사졸은 응애류 생장저해 작용제이다.

8.

디플루벤주론은 벤조일우레아계 살충제로 키틴생합성 저해제이다.

9.

피리다벤은 호흡(에너지생성) 저해제이다.

10.

사용금지 농약성분은 네오니코티노이드계 살충제로 니코틴은 해당되지 않는다.

11.

살충제는 숫자로 대분류 표시하고 알파벳으로 세분류한다.

12.

디플루벤주론은 키틴생합성을 억제하여 탈피억제 작용을 갖는다.

13.

벤조일우레아계 살충제는 키틴생합성을 억제하는 IGR계 농약이다.

14.

전위 의존형 Na이온 통로를 차단하여 신경작용제로 사용된다.

15.

디플루벤주론은 벤조일우레아계 성분으로 키틴생합성 저해제이다.

16.

이미다클로프리드는 네오니코티노이드계로 신경작용제다.

17.

비펜트린은 피레트로이드계 신경작용제로 Na이온 통로를 교란한다.

18.

아세틸콜린가수분해효소 저해제이다.

19.

벤조일우레아계 살충제에 대한 설명이다.

20.

티아디아진계 뷰프로페진은 키틴생합성 저해제로 작용기작 '16'으로 분류된다.

21.

염소이온통로 활성화 작용을 갖는 아바멕틴의 작용기작 분류기호는 '6'이다.

22.

피레스로이드계 살충제는 신경계의 Na이온 통로를 교란한다.

23.

사이로마진은 파리목 해충탈피 저해제로 작용기작 '17'로 분류되었다. 다른 약제는 모두 호흡에너지대사의 미토콘드리아 단백질복합체 기능저해제이다.

제5장 제초제의 작용기작

1	2	3	4	5	6
④	①	②	②	④	①
7	8	9	10	11	12
④	③	③	②	③	①
13	14	15	16	17	18
④	②	①	⑤	②	④
19	20				
③	③				

1.

2,4-D 등 페녹시계 제초제는 생장조정제로 사용될 수 있다.

2.

신경전달 저해는 살충제의 작용기작이다.

3.

아졸계는 유기화합물계이다.

4.

잎을 통한 흡수는 극성에 따라 달라지며, 지용성(비극성) 약제는 큐티클층 흡수가 빠르며, 수용성(극성) 약제는 펙틴층에서 흡수가 빠르다.

5.

Diuron은 침투이행성의 광합성작용저해제이다.

6.

광합성은 빛에 의해 활성화된 광전자가 엽록체내 틸라코이드 막 단백질을 이동하며 탄소를 고정하고 NADPH를 생성하는 작용이다.

7.

세톡시딤은 시클로헥사디온계 제초제로 지방산 생합성효소인 ACCase 저해제이다.

8.

글리포세이트는 방향족 아미노산 생합성 EPSP 저해제이다.

9.

호르몬작용제로 광엽잡초 방제에 선택성이 높다.

10.

글루포시네이트는 아미노산 중 글루타민 생합성 저해제로 알려져 있다.

11.

글루포시네이트는 아미노산 중 글루타민 생합성 저해제로 알려져 있다.

12.

오리잘린은 디니트로아닐린계 제초제로 미소관 조합을 저해하며, 작용기작은 'K1'로 분류되었으나, 최근 분류기호 개정에 따라 H03으로 분류기호가 변경되었다.

13.

아릴옥시페녹시프로피오네이트계 제초제로 지방산생합성을 억제하여 화본과 잡초에 효과적이다.

14.

글리포세이트는 방향족아미노산 생합성을 저해하는 침투이행성 제초제이다.

15.

아슐람은 엽산생합성과정의 DHP생합성을 억제

한다.

16.

글리포세이트에 대한 설명이다.

17.

장쇄지방산 생합성억제 작용을 갖는다.

18.

헥사지논은 광합성 광계II 교란작용제이다.

19.

스테롤생합성 억제는 살균제의 작용기작이다.

20.

광엽잡초에 대한 선택성 제초제로 사용된다.

제5장 식물생장조절제

1	2	3	4	5	6
④	②	③	④	③	①
7	8	9	10		
③	①	②	④		

1.

2,4-D는 페녹시계 제초제로 옥신유사작용제이므로 희석하여 사용할 경우 옥신제 역할을 할 수 있다.

2.

6-BA는 사이토키닌계 호르몬제로 콩나물 재배에 사용된다.

3.

인돌초산에 대한 설명이다.

4.

실록산계는 전착제에 사용되는 계통이다.

5.

지베렐린산은 비대생장 목적으로 사용된다.

6.

헥사코나졸, 디니코나졸 등 트리아졸계 약제 중 일부는 항지베렐린 활성이 알려져 있다.

7.

NAA는 옥신류의 호르몬작용제이다.

8.

에틸렌은 식물생장 억제기능의 호르몬 작용제로 에테폰은 에틸렌을 발생시킨다.

9.

브라시노사이드에 관한 설명으로, 브라시노라이드는 매우 강한 옥신활성을 갖는 것이 알려져 있다.

10.

말릭하이드라자이드는 항옥신작용제이며, 나머지 약제는 옥신작용제이다.

제6장 농약의 선택성, 저항성 그리고 약해

1	2	3	4	5	6
④	①	④	①	③	①
7	8	9	10	11	12
①	①	②	④	②	⑤
13	14	15			
④	②	②			

1.

살충작용점이 동등하거나 유사한 경우 교차저항성이라 하며, 제시된 내용은 복합저항성에 대한 설명이다.

2.

교차저항성 혹은 복합저항성에 대한 설명이다.

3.

한 가지 약제만 사용할 경우 약제 저항성을 유발할 수 있다.

4.

살충 작용점을 달리하는 약제에 대한 동시 저항성은 복합저항성이다.

5.

2,4-DB는 식물 체내 베타산화작용에 의해 활성물질인 2,4-D로 대사된다.

6.

교차저항성은 동일작용기작을 갖는 서로 다른 두 가지 이상의 약제에 대한 저항성이다.

7.

교차저항성에 대한 설명이다.

8.

저항성계수는 약효를 나타내는 저항성과 감수성 생물에 대한 유효한 약제 투입량의 비로 결정된다.

9.

동일 약제를 반복 사용할 경우 약제저항성이 유발될 수 있다.

10.

대사작용에 의한 무독화이다.

11.

제초제 사용량을 늘리면 저항성 출현 빈도가 증가한다

12.

특정 약제만 반복살포할 경우 저항성 발현이 증가한다

13.

콘쥬게이션 반응은 대사II 경로 반응에 해당한다.

14.

토양 세척을 통해 제초제를 제거해 주면 제초제 약해를 경감시킬 수 있다.

15.

후천적 적응에 의한 증상을 내성이라하며, 저항성은 유전되어 나타난다.

제7장 농약 독성과 안전성

1	2	3	4	5	6
②	③	③	②	⑤	④
7	8	9	10	11	12
⑤	②	①	④	①	①
13	14	15	16	17	18
①	②	④	③	④	②
19	20	21	22	23	24
④	②	②	③	④	③
25	26				
②	③				

1.

PLS제도는 2019년 전면 시행되었으며 허용기준이 설정되어 있지 않는 농약은 0.01ppm을 잔류기준으로 설정하는 잔류 기준 강화제도이다.

2.

농약 음독시 우유 섭취는 위의 활동을 증가시켜 농약의 흡수를 촉진 시킬 수 있으며, 농약의 중화와는 상관이 없다.

3.

구분	I 급	II급	III급	계
LC_{50} (mg/L, 48 or 96hr)	0.5 미만	0.5이상 ~2.0 미만	2.0 이상	-

4.

농약 제품 독성구분표에 의거 경구독성 고독성 액상 농약의 기분은 20~200 미만이다.

5.

생물농축(生物濃縮, bioconcentration)이란 화학적으로 안정하고 지질 등의 생체 성분과 결합하기 쉬운 지용성 농약을 연속하여 섭취하면 이들 농약은 대사 배설이 어려워 동물체 내에 계속하여 축적될 것이며 따라서 체조직 중에 축적된 농약의 농도는 물, 토양 등의 환경과 먹이 중의 농약 농도보다 높게 나타나는 것으로, 생물농축성은 환경매체에서 환경생물로의 전이 정도를 평가하는 방법으로 환경 중 잔류 농도 대비 생물체의 잔류 농도의 비로 나타내며, 이를 BCF(생물농축계수)로 표현한다. 이러한 생물농축계수는 물질의 이화학적 특성값인 분배계수(logP)와 높은 상관관계를 갖는다.

6.

토양 중 농약의 분해는 유기물 함량과 미생물 군집이 많을수록 빨리 일어나며 토성에서도 유기물 함량이 높은 토양에서 분해가 빠르다. 살포한 농약의 제형에 따라 토양흡착도와 분해도가 차이가 난다. 부식(humus) 함량이 높으면 살포 농약의 결합 빈도가 높아지고 분해는 늦어진다.

7.

안전사용기준에서는 ① 농작물 및 방제 대상 ② 제형 및 살포 방법 ③ 사용 시기(수확 전 시기, 살포 회수) ④ 사용량을 지정

8.

잔류허용기준은 식품위생법에 의거하여 식품의약품안전처에서 고시하며 농약등록은 농약관리법에 의거하여 농촌진흥청에서 담당한다.

9.

경피독성 보다는 경구독성이 독성이 높게 구분되어 있고, 액체 제품 보다는 고체 제품의 독성이 높게 구분되어 있다.

10.

안전사용기준은 농약 등록과 동시에 고시하므로 등록전에 반드시 설정되어야 한다.

11.

농토양 반감기가 긴 농약의 사용은 농약과 토양 중 양이온의 결합에 의해 토양 산성화를 유발한다.

12.

급성 독성을 기준으로 맹독성, 고독성, 보통독성, 저독성으로 구분한다. 맹독성의 경구독성 기준은 고체 농약 5mg/kg, 액체 농약 20mg/kg 미만이다.

13.

생물농축계수는 환경잔류농도에 대한 생물체 축적 농도의 비로 나타낸다.

14.

BCF는 [(생물체중 농도)/(환경중 농도)]로 산출한다.

15.

대기 환경에서 농약은 쉽게 휘산, 희석, 이동되어 잔류성을 평가하지 않는다.

16.

토양에 투입된 약제의 분해는 제제의 형태에 큰 영향을 받지 않는다.

17.

우리나라 농약관리법에서는 180일을 기준으로 잔류성농약을 정의하고 있다

18.

일일섭취허용량은 Acceptable Daily Intake(ADI)로 나타낸다. 최대무작용량은 영문약어로 NOAEL 혹은 NOEL로 나타내기도 한다.

19.

LD_{50}은 반수치사량을 나타내는 단위이다.

20.

독물의 노출기간에 따라 평가된 독성항목으로 속도와 관련된다.

21.

어독성은 환경 독성 평가 항목에 해당한다

22.

농약살포횟수는 MRL결정 이후 안전사용기준에 반영된다.

23.

아만성 독성시험을 통해 얻는 값으로 최대 무작용량이라 한다.

24.

외부 약물이 체내로 침투 이행 되는 정도가 높은 노출로 흡입, 경구, 경피 노출 순서로 볼 수 있다.

25.

안전계수는 생물종간, 생물체간 차이에 대한 불확도를 반영하여 1/10~1/1000까지 부여하는 산술적 값이다.

26.

약해 경감, 경제적 방제, 그리고 잔류허용기준 준수를 목적으로 한다.

부록

❖ 살균제 작용기작 분류기호표

작용기작 구분	표시 기호	세부 작용기작 및 계통(성분)
핵산 합성 저해	가1	RNA 중합효소 I 저해
	가2	아데노신 디아미나제효소 저해
	가3	핵산 활성 저해
	가4	DNA 토포이소메라제효소(type Ⅱ) 저해
세포분열(유사분열) 저해	나1	미세소관 생합성 저해(벤지미다졸계)
	나2	미세소관 생합성 저해(페닐카바메이트계)
	나3	미세소관 생합성 저해(톨루아마이드계)
	나4	세포분열 저해(페닐우레아계)
	나5	스펙트린 단백질 저해(벤자마이드계)
	나6	액틴/미오신/피브린 저해(시아노아크릴계)
호흡 저해 (에너지 생성 저해)	다1	복합체Ⅰ의 NADH 기능 저해
	다2	복합체Ⅱ의 숙신산(호박산염) 탈수소효소 저해
	다3	복합체Ⅲ: 퀴논외측에서 시토크롬bc1기능 저해(아족시스트로빈, 피콕시스트로빈, 피라클로스트로빈, 크레속심메틸, 오리사스토로빈, 파목사돈, 페나미돈, 피리벤카브등)
	다4	복합체Ⅲ: 퀴논내측에서 시토크롬bc1기능 저해(사이아조파미드, 아미설브롬)
	다5	산화적인산화반응에서 인산화반응 저해
	다6	ATP 생성효소 저해
	다7	ATP 생성 저해
	다8	복합체 Ⅲ: 시토크롬bc1기능 저해(아메톡트라딘)
아미노산 및 단백질 합성 저해	라1	메티오닌생합성 저해(사이프로디닐, 피리메타닐)
	라2	단백질 합성 저해(신장기 및 종료기)
	라3	단백질 합성 저해(개시기)(혝소피라노실계)
	라4	단백질 합성 저해(개시기)(글루코피라노실계)
	라5	단백질 합성 저해(테트라사이클린계)
신호전달 저해	마1	작용기구 불명(아자나프탈렌계)
	마2	삼투압 신호전달 효소 MAP 저해(플루디옥소닐)
	마3	삼투압 신호전달 효소 MAP 저해(이프로디온, 프로사이미돈)

작용기작 구분	표시 기호	세부 작용기작 및 계통(성분)
지질생합성 및 막 기능 저해	바2	인지질 생합성, 메틸전이효소 저해(이프로벤포스)
	바3	지질 과산화 저해(에트리디아졸)
	바4	세포막 투과성 저해(카바메이트계)
	바6	병원균의 세포막 기능을 교란하는 미생물
	바7	세포막 기능 저해
	바8	에르고스테롤 결합 저해
	바9	지질 항상성, 이동, 저장 저해
막에서 스테롤생합성 저해	사1	탈메틸효소 기능 저해(피리미딘계, 이미다졸계, 트리아졸계등)
	사2	이성질화효소 기능 저해
	사3	케토환원효소기능 저해(펜헥사미드, 펜피라자민)
	사4	스쿠알렌에폭시다제효소 기능 저해
세포벽 생합성 저해	아3	트레할라제(글루코스생성) 효소기능 저해(발리다마이신)
	아4	키틴합성 저해(폴리옥신)
	아5	셀룰로오스 합성 저해(디메토모르프, 벤티아발리카브, 발리페날레이트)
세포막 내 멜라닌 합성 저해	자1	환원효소 기능 저해(트리사이클라졸)
	자2	탈수효소 기능 저해(페녹사닐)
	자3	폴리케티드합성 저해(톨프로카브)
기주식물방어 기구유도	차1	살리실산경로 저해(벤조티아디아졸계, 아시벤졸라-S-메틸)
	차2	벤즈이소티아졸계(프로베나졸)
	차3	티아디아졸카복사마이드계
	차4	천연 화합물 계통
	차5	식물 추출물 계통
	차6	미생물 계통
다점 접촉 작용	카	보호살균제 무기유황제, 무기구리제, 유기비소제 등
작용기작 불명	미분류	메트라페논, 사이목사닐, 사이플루페나미드등

✣ 살충제 작용기작 분류기호표

작용기작 구분	표시 기호	세부 작용기작 및 계통(성분)
아세틸콜린에스터라제기능 저해	1a	카바메이트계
	1b	유기인계
GABA 의존 Cl 통로 억제	2a	유기염소시클로알칸계
	2b	페닐피라졸계
Na 통로 조절	3a	합성피레스로이드계
	3b	DDT, 메톡시클로르
신경전달물질 수용체 차단	4a	네오니코티노이드계
	4b	니코틴
	4c	설폭시민계
	4d	부테놀라이드계
	4e	메소이온계
신경전달물질 수용체 기능 활성화	5	스피노신계
Cl 통로 활성화	6	아버멕틴계, 밀베마이신계
유약호르몬작용	7a	유약호르몬유사체
	7b	페녹시카브
	7c	피리프록시펜
다점 저해(훈증제)	8a	할로젠화알킬계
	8b	클로로피크린
	8c	플루오르화술푸릴
	8d	붕사
	8e	토주석
	8f	이소티오시안산메틸발생기
현음기관TRPV 통로 조절	9b	피리딘아조메틴유도체
응애류생장 저해	10a	클로펜테진, 헥시티아족스
	10b	에톡사졸
미생물에 의한 중장 세포막 파괴	11a	B.t 독성 단백질
	11b	B.t 아종의독성 단백질

작용기작 구분	표시 기호	세부 작용기작및 계통(성분)
미토콘드리아 ATP합성효소 저해	12a	디아펜티우론
	12b	유기주석살선충제
	12c	프로파자이트
	12d	테트라디폰
수소이온 구배형성 저해	13	피롤계, 디니트로페놀계, 설플루라미드
신경전달물질 수용체 통로 차단	14	네레이스톡신유사체
0형 키틴합성 저해	15	벤조일요소계
I형 키틴합성 저해	16	뷰프로페진
파리목곤충 탈피 저해	17	사이로마진
탈피호르몬수용체 기능 활성화	18	디아실하이드라진계
옥토파민수용체 기능 활성화	19	아미트라즈
전자전달계복합체Ⅲ 저해	20a	하이드라메틸논
	20b	아세퀴노실
	20c	플루아크리피림
	20d	비페나제이트
전자전달계복합체Ⅰ 저해	21a	METI 살비제 및 살충제
	21b	로테논
전위 의존 Na 통로 차단	22a	옥사디아진계
	22b	세미카르바존계
지질생합성 저해	23	테트론산 및 테트람산유도체
전자전달계복합체Ⅳ 저해	24a	인화물계
	24b	시안화물
전자전달계복합체Ⅱ 저해	25a	베타 케토니트릴유도체
	25b	카복시닐라이드
라이아노딘수용체 조절	28	디아마이드계
현음기관조절: 정의되지 않은 작용점	29	플로니카미드
GABA 의존 Cl 통로 조절	30	메타-디아마이드계
작용기작 불명	미분류	아자디락틴, 디코폴 등

✣ 제초제 작용기작 분류기호표

작용기작 구분	표시 기호		세부 작용기작 및 계통(성분)
	개정전	개정후	
지질(지방산) 생합성 저해	A	H01	아세틸 CoA 카르복실화 효소 저해
	N		그밖의 지질 생합성 저해
	K3	H15	장쇄지방산 합성 저해
		H30	지방산 티오에스레트화효소(TE) 저해
아미노산 생합성 저해	B	H02	분지 아미노산 생합성 저해
	G	H09	방향족 아미노산 생합성 저해
	H	H10	글루타민합성효소 저해
광합성 저해	C1	H05	광화학계 Ⅱ 저해 (트리아진, 트리아지논, 트리아졸리논, 우라실, 피리다지논, 페닐-카바메이트계)
	C2		광화학계 Ⅱ 저해(요소, 아미드계)
	C3	H06	광화학계 Ⅱ 저해(니트릴, 벤조티아디아지논, 페닐-피리다진계)
	D	H22	광화학계Ⅰ 저해(비피리딜리움계)
색소 생합성저해	E	H14	엽록소 생합성 저해
	F1	H12	카로티노이드생합성 저해(PDS)
	F2	H27	카로티노이드생합성 저해(HPPD)
	F3	H34	카로티노이드생합성 저해(불명확)
		H13	DXP(Deoxy-D-Xylulose Phosphate Synthase) 저해
엽산생합성 저해	I	H18	엽산생합성 저해(아슐람)
세포분열 저해	K1	H03	미소관 조합 저해
	K2	H23	유사분열/미소관 형성 저해
세포벽 합성 저해	L	H29	세포벽(셀룰로오스) 합성 저해
에너지 대사 저해	M	H24	막 파괴
옥신작용 저해·교란	O	H04	인돌아세트산 유사 작용
	P	H19	옥신이동 저해
작용기작 불명	미분류	미분류	기타

✣ 나무병원 주요 처방 약제

살균제

성분명	계통	작용기작	대상병해충
티오파네이트-메틸	벤즈이미다졸계	나1	부란병, 줄기마름병, 오디균핵병, 갈색둥근무늬병, 붉은별무늬병, 탄저병, 더뎅이병 등
베노밀	벤즈이미다졸계	나1	흰가루병, 검은별무늬병, 탄저병, 겹무늬썩음병, 흰날개무늬병, 새눈무늬병, 더뎅이병 등
아족시스트로빈	스트로빌루린계	다3	탄저병, 둥근무늬낙엽병, 모무늬낙엽병, 검은별무늬병, 갈색무늬병, 겹무늬썩음병, 역병, 점무늬낙엽병, 새눈무늬병, 갈색무늬병, 노균병, 점무늬병, 열매썩음병, 균핵병 등
마이클로뷰타닐	트리아졸계	사1	붉은별무늬병, 흰가루병, 검은별무늬병, 겹무늬썩음병, 흰가루병 등
트리아디메폰	트리아졸계	사1	붉은별무늬병, 흰가루병, 녹병 등
페나리몰	피리미딘계	사1	흰가루병, 붉은별무늬병, 검은별무늬병, 녹병 등
만코제브	디티오카바메이트계	카	탄저병, 갈색무늬병, 겹무늬썩음병, 점무늬낙엽병, 새눈무늬병 등
프로피네브	카바메이트계	카	탄저병, 갈색무늬병, 점무늬낙엽병, 겹무늬낙엽병, 새눈무늬병, 검은점무늬병(흑점병), 더뎅이병, 잎오갈병 등
클로로탈로닐	유기염소계	카	탄저병, 점무늬낙엽병, 더뎅이병, 잎오갈병, 노균병, 갈색무늬병 등

살충제

성분명	계통	작용기작	대상병해충
아세타미프리드	네오니코티노이드계	4a	소나무왕진딧물, 솔수염하늘소, 솔잎혹파리, 북방수염하늘소, 꽃매미, 미국흰불나방, 버즘나무방패벌레, 갈색날개매미충, 미국선녀벌레, 울도하늘소, 느티나무알락진딧물, 밤나무산누에나방, 밤나무왕진딧물, 왕벚나무혹진딧물, 솔나방, 별박이자나방, 감귤-파리류, 뽕나무이, 노랑털알락나방, 조팝나무진딧물, 사과혹진딧물, 은무늬굴나방, 애매미충류 등
디노테퓨란	네오니코티노이드계	4a	꽃매미, 열점박이별잎벌레, 뽕나무이, 목화진딧물, 감귤-파리류, 벚나무깍지벌레, 복숭아혹진딧물, 솔잎혹파리, 주머니깍지벌레, 노린재류, 귤굴나방, 이세리아깍지벌레, 조팝나무진딧물, 가루깍지벌레, 배나무면충, 솔껍질깍지벌레, 빗살무늬미주메뚜기, 꼬마배나무이, 담배가루이, 장님노린재류, 총채벌레, 참다래애매미충, 밤바구미, 복숭아명나방, 갈색날개매미충 등
이미다클로프리드	네오니코티노이드계	4a	솔잎혹파리, 솔껍질깍지벌레, 느티나무벼룩바구미, 버즘나무방패벌레, 벚나무깍지벌레, 왕벚나무혹진딧물, 꽃매미, 은무늬굴나방, 사과혹진딧물, 조팝나무진딧물, 꼬마배나무이, 깍지벌레, 어마점애매미충, 감귤-파리류, 두릅쌍꼬리진딧물, 귤굴나방, 애매미충류, 장님노린재류 등
클로티아니딘	네오니코티노이드계	4a	조팝나무진딧물, 사과혹진딧물, 노린재류, 주머니깍지벌레, 감관총채벌레, 장님노린재류, 애매미충류, 꽃매미, 복숭아가루진딧물, 깍지벌레류, 식나무깍지벌레, 버즘나무방패벌레, 뽕나무깍지벌레, 벚나무깍지벌레, 이세리아깍지벌레, 감귤-파리류, 탱자소리진딧물, 애넓적밑빠진벌레, 사과혹진딧물, 조팝나무진딧물, 은무늬굴나방, 미국선녀벌레, 초록애매미충, 밤바구미 등
페니트로티온	유기인계	1b	장님노린재, 포도호랑하늘소, 갈색여치, 애매미충류, 꽃매미, 이세리아깍지벌레, 화살깍지벌레, 잎말이나방, 알락수염노린재, 미국선녀벌레, 썩덩나무노린재, 솔잎혹파리, 솔나방, 솔수염하늘소, 나무좀류, 뿔밀깍지벌레, 광릉긴나무좀, 톱다리개미허리노린재, 담배거세미나방, 파밤나방, 거북밀깍지벌레, 솔껍질깍지벌레, 빗살무늬미주메뚜기 등
에마멕틴	아바멕틴계	6	소나무재선충, 솔껍질깍지벌레, 복숭아명나방, 열점박이잎벌레, 무궁화잎밤나방, 총채벌레, 벚나무응애, 미국흰불나방, 버찌가는잎말이나방, 꽃노랑총채벌레, 석류가루이, 뽕나무총채벌레, 노랑쐐기나방, 네눈쑥가지나방, 볼록총채벌레, 복숭아순나방, 아메리카잎굴파리, 애모무늬잎말이나방, 점박이응애, 도둑나방, 매미나방, 버즘나무방패벌레 등

성분명	계통	작용기작	대상병해충
아미트라즈	아미트라즈계	19	녹응애, 귤응애, 응애, 꼬마배나무이, 뽕나무이, 차응애 등
페나자퀸	퀴나졸린계	21a	응애, 점방이응애, 귤응애
피리다벤	피리다지논계	21a	귤녹응애, 차먼지응애, 귤응애, 석류가루이, 점박이응애 등

저자 프로필

김 진 효

경상국립대학교 이학박사

농촌진흥청 국립농업과학원 화학물질과
경상국립대학교 환경생명화학과 교수

『최신농약학(개정판)』
『현대기기분석(제9판)』
『천연 작물 보호 성분(식물, 미생물, 곤충편)』

홍 수 명

서울대학교 농약학 박사

한국농약과학회 회장 역임
농촌진흥청 국립농업과학원 농자재평가과장 역임
농촌진흥청 국립농업과학원 농업생물부장 역임

『최신농약학(개정판)』
『농약 바르게 이해하기』
『GAP안전관리』